教育部人文社会科学研究青年基金项目（22YJC720025）研究成果

现代技术伦理的诠释学研究

A Hermeneutic Study on Ethics of Modern Technology

郑艳艳　著

东北财经大学出版社　大连
Dongbei University of Finance & Economics Press

图书在版编目（CIP）数据

现代技术伦理的诠释学研究 / 郑艳艳著. —大连：东北财经大学出版社，
2025.8. —ISBN 978-7-5654-5734-0

Ⅰ.B82-057

中国国家版本馆CIP数据核字第2025A9B270号

现代技术伦理的诠释学研究

XIANDAI JISHU LUNLI DE QUANSHIXUE YANJIU

东北财经大学出版社出版发行

大连市黑石礁尖山街217号　邮政编码　116025

网　　　址：http://www.dufep.cn

读者信箱：dufep@dufe.edu.cn

大连永盛印业有限公司印刷

幅面尺寸：170mm×240mm　字数：163千字　印张：13.5　插页：1

2025年8月第1版　　　　　　　　2025年8月第1次印刷

责任编辑：王　莹　　　　　　　　责任校对：刘贤恩

封面设计：原　皓　　　　　　　　版式设计：原　皓

书号：ISBN 978-7-5654-5734-0　　定价：78.00元

　　本书得到教育部人文社会科学研究青年基金项目"后人类时代技术伦理的诠释学问题研究"（22YJC720025）资助，特此感谢。

前　言

　　现代技术以微观和宇观为取向的发展趋势，使其逐渐超越人们日常的生活经验，并在技术实践中给人、自然与社会带来诸多前所未有的挑战，影响着人们对现代技术及其伦理问题的判断和认知。我们能否理解以及如何理解超越人类经验直观的现代技术在现实的技术实践中引发的伦理问题，是现代技术的当代发展给技术伦理问题研究带来的挑战。作为一种超越实证方法的精神科学，诠释学以人类"理解性"的精神活动为对象，是关于意义、理解和解释的理论，尤其是哲学诠释学将理解视为此在的生存方式，是历史与现在、自我与他者、陌生与熟悉的汇合或融通，其关于"前理解""视域融合""实践智慧"等基本范畴的阐释为人们理解现代技术及其引发的伦理问题提供了理论基础和方法。

　　"前理解"作为形成理解的必要前提，是现代技术伦理的自觉向度，即在效果历史中反思前见，对前见进行一次再启蒙，形成对现代技术及其伦理风险的"完满性"的前把握。在现实的技术实践中，现代技术伦理的"前理解"奠基于一定的"前有—前见—前把握"结构，通过"时空距离"生成意义、求同存异,并在"效果历史"中达到澄明境界。现代技术伦理的"前有—前见—前把握"结构是形成理解和解释现代技术及其伦理问题的必要前提,为我们理解和解释现代技术及其可能出现的伦理问题开启了实现理解之可能性。在既有的伦理原则、道德规范和具体的技术境遇之间,以及不同文化背景下的多元主体之间存在着看似不可逾越的"时空距离",但实际上它是我们理解现代技术及其伦理问题的必要条件,具有积极因素。"时间距离"可以过滤和筛选掉招致误解的关于现代技术伦理问题的"假的前见",在新技术境遇下展示出筹划伦理问题的新的意义因素;"空间距离"可以促成不同文化背景下多元化的现代技术伦理观念在沟通中求同存异,即在尊重文化多样性的基础上通过对话达到理解。现代技术伦理的效果历史澄明,就是把对技术伦理的反思从外向型的"技术评估"转向内向型的"技术伴随",即从技术设计开始"伴随"技术发展的始终,彰显其整体性、情境性和前瞻性,从"人—技术—世界—历史"的关系统一体出发,建构一种历史的、动态的、情境的、健康和谐的"人—技术"关系。

"视域融合"作为深化理解的基本途径,是现代技术伦理的"间性"澄明向度,即通过在更广阔的视域中重新审视技术实践中不同的视域,构建一种以生活世界为中心的视域互构共生的现代技术伦理。首先,在技术实践的现实语境下,现代技术伦理的视域融合奠基于技术生活世界的共同体验、情感世界的移情共感和伦理实践的道德想象。技术生活世界的共同体验是现代技术伦理视域融合得以可能的前提和基础,情感世界的移情共感是现代技术伦理视域融合得以开始的情感动因,伦理实践的道德想象是现代技术伦理视域融合得以进行的有效途径,三者彼此渗透,为现代技术伦理视域融合的顺利展开奠定基础。其次,现代技术伦理的视域融合在历时态和共时态两个维度上展开,历时态维度的视域融合处理因时间距离所导致的具体技术实践与既有伦理要求之间的视域冲突，以使现代技术伦理在传统与现实之间的各类视域中不断融合与扬弃，发展出一种具有伦理前瞻性和整体性的技术；共时态维度的视域融合处理由空间距离所造成的现代技术伦理多元主体间的视域对抗，以促进各行动者之间的相互理解，从而构建一个健康、和谐、公平、公正的社会道德秩序。最后，现代技术伦理视域融合的实践进路和目标呈现为现代技术伦理功能的彰显、伦理活动参与者的拓展，以及伦理的生活世界的构建。现代技术伦理视域融合的直接效果是技术和伦理的视域都得到扩大和拓展，不但凸显了技术的伦理功能，也开拓了伦理的物转向，但其最终旨归是构建伦理的生活世界，技术只有在生活世界之中才能显示其价值，伦理只有从生活世界缘起才能彰显其意义。

"实践智慧"作为理解的内在要素和真正本质为现代技术伦理的未来发展指明了方向，即通过诠释学的自我思考召唤实践智慧，引导人们创新并负责任地应用技术，以构建一种以善为核心的现代技术伦理。首先，实践智慧作为一种应对具体情境的理智能力，强调具体情境的优先性，有助于妥善处理现代技术实践与伦理理论之间的张力问题。实践智慧以理论指向与情境分析的沟通与交融为进路，既消解了理论与现实、伦理原则与技术实践之间的张力，又使伦理原则和道德规范在发挥其应有的指导作用的同时，丰富并扩充了自身的内容。其次，实践智慧作为对善的谋划和审慎，在更深的层面上表现为合乎"中道"的探索，有助于消解现代技术发展与伦理规制之间的矛盾。如何合理地把握技术发展的"中道"以避免其产生危害人类的严重后果，抑或如何对技术可能的后果做出前瞻性的预测，是一个需要根据具体境况进行理性选择的过程，涉及的是实践智慧对"中道"的探索，表现为明辨度量分界和审时度势的能力。最后，实践智慧作为一种理性反思能力，离不开实践主体。通过内化为现代技术实践主体伦理意识的自觉，实践智慧有助于弥合认识与实践之间的逻辑距离。以人的现实实践为目的的诠释学，通过实践智慧的理性反思将人的认识与实践联结起来，形成并实际地体现于人的理解和实践过程，缩短了存在于人的认识与实践之间的距离，并为其联结注入了自觉的内涵。对于技术活动的实践主体而言，实践智慧有助于使科学技术活动的合伦理性内化为其伦理意识的自觉，这既符合技术实践的内在要求，也是融伦理价值于科技工作者行为之中的重要诉求。

本书从分析现代技术超验性的特性出发，阐述了现代技术在生活世界中所面临的伦理困境，并针对现代技术对生活世界全面解蔽与遮蔽的现实，从诠释学的视角阐释现代技术伦理的"前理解"结构、"时空"域的延展与交融的特征、效果历史的进路和现代技术伦理的"视域融合"途径、"实践智慧"的辩证内涵，使现代技术伦理的澄明之境得以在生活世界展现。

在现代技术飞速发展的今天，运用诠释学的理论成果对现代技术伦理问题进行研究，在理论和实践层面都有十分重要的意义。在理论层面，从诠释学关于"前理解""视域融合""实践智慧"等基本理论出发研究现代技术伦理问题，阐明了人类理解超越日常经验、困扰人类认知的现代技术及其伦理问题的可能性与可行性。这不但为技术伦理学的研究增添了新视角，丰富了其理论内涵，而且为消解传统技术伦理的理论局限、构建以善为核心的现代技术伦理指明了方向。在实践层面，对现代技术及其伦理问题进行诠释学思考可以引导我们在效果历史中对既有的前见进行理性反思，在"对谈"中关照多元主体间复杂的价值诉求，并让古老的实践智慧照鉴未来，从而使现代技术在承载人类命运的同时关涉人类幸福，进而使我们更好地把握现代技术健康发展的实质。

作　者

2025 年 5 月

目　录

1

绪论

1.1 研究背景及意义

1.1.1 问题的提出

与传统技术相比，现代技术无论在影响范围上还是在发展的规模、广度与深度上都不可同日而语，尤其是其以宇观和微观为取向的发展，使得现代技术逐渐超越了人们日常的生活经验。譬如，纳米技术、基因编辑技术和人工智能技术等对人与自然的干预和改造已经深入最基础、最核心的层面，纳米技术研究纳米尺度的原子、分子等物质的性质和应用；基因编辑技术可以成功地"嵌入"或"敲掉"DNA 链条上的某个基因；人工智能技术通过"深度学习"可以与人类大脑相媲美，甚至在某些方面远远超越人脑的功能。这些技术具有经验上的非直观性、后果上的不确定性以及由其导致的伦理上的滞后性等特点，不仅困扰着人们对现代技术及其伦理问题的判断与认知，也加剧了全球化背景下异质性视域间关于现代技术伦理考量的冲突。那么，在新的技术时代背景下，我们能否以及如何在现实世界理解超越人类经验直观的现代技术及其伦理问题？既有的伦理原则和道德规范是否继续有效？我们该如何处理异质性视域间的冲突和碰撞？这些都是迫切需要阐释的哲学问题。

以人类"理解性"的精神活动为对象的诠释学（hermeneutics，或译为解释学、释义学、阐释学），作为一种超越实证方法的精神科学，为现代技术伦理问题的阐释提供了理论基础和方法。从 19 世纪中叶到 20 世纪 20 年代末，诠释学经历了一次具有重要意义的转折，即从方法论诠释学到本体论诠释学的转向。方法论诠释学只把诠释学看作一种关于人文科学的一般方法，关心的是正确解释的标准，所谓理解不过是对文本的外在解释，即一种方法或"认知模式"。本体论诠释学则把诠释学看作一种具有普遍本体论意义的哲学，其任务在于追寻存在的意义，而理解是一种"存在模式"[1]，即理解是此在本身的存在方式，作为理解的此在向着可能性筹划自身，也就是说，理解不仅面向过去和现在，还指向未来，显现事物的未来可能性。因此，只有在本体论的意义上对理解进行考察，才能从根本上揭示此在存在的意义，诠释学意义上的伦理学也是在这个意义上阐释存在的，因为"这种关于人之存在和行为的实践哲学思考与关于文本和世界的理解和诠释分不开，对世界事物的认识和理解自然而然地影响并构成了与人类行为自身思考的相关性"[2]。

由此，本书正是在本体论的意义上使用诠释学这一概念的。其中，以伽达默尔为代表的哲学诠释学对"理解的条件"的深入探究，回答了理解何以可能的根本性问题，指出理解具有历史性、语言性和实践性，理解中既包含着解释，也包含着应用（实践）[3]，是一种对未来的各种可能性的"善"的选择。哲学诠释学的理论中关于"前理解""视域融合""实践智慧"等基本范畴的阐释可以为我们理解现代技术及其引发的伦理问题提供理论基础和方法。"前理解"作为形成理解的必要前提，回答了人们理解现代技术伦理的可能性问题，作为此在的存在方式，任何理解都基于前理解，前理解成为伦理判断与预判的前提，不同背景的人依据自身独特的经验和记忆，秉承着各自独特的"前见"对现代技术做出各类伦理的困境分析。"视域融合"作为深化理解的基本途径，为与现代技术伦理相关的多元视域间的相互理解提供了方法论基础，我们所置身的文化和传统的历史性与流动性以及个体生活背景的差异性，为理解活动的展开提供了独特的视域。通过视域融合，技术活动中各自存在的、彼此碰撞的视域都将在所形成的更大的视域中被重新审视，在拓展彼此视域的同时构建一种以生活世界为中心的、视域互构共生的现代技术伦理。"实践智慧"作为理解的内在要素和真正本质，为构建以"善"为核心的现代技术伦理指明了方向。作为人的存在和生活方式，理解与人的实践活动息息相关，且在根本上是一种针对多样而特殊的诠释学境域，在实践智慧的反思下进行的实践行为。面对日益增长的现代技术及其伦理困境与危机，人类迫切需要通过诠释学的自我思考召唤实践智慧，为自身的行为实践做出理性导航，从人的现实存在和人类生活实践的整体出发，引导人们有意义、负责任、理智地利用现代技术，构建以善为核心的现代技术伦理。

1.1.2　研究的理论意义与实践意义

（1）研究的理论意义

第一，从诠释学的基本理论出发对现代技术伦理进行研究，阐明人类理解超越日常经验的现代技术及其伦理问题的可能性与可行性，不但为技术伦理学的研究增添新视角，丰富了技术伦理学的理论内涵，而且对于技术哲学、技术伦理学的学科建设和理论建构具有重要的理论意义。

第二，从技术伦理学的发展来看，对现代技术伦理问题的诠释学研究有助于消解传统技术伦理从技术引发的负面后果出发对技术进行伦理反思和批判的外在主义进路的理论局限，转而从现实的技术境遇出发，根据技术实践中的具体问题展开对伦理理论的理解，使伦理理论的普遍意义在技术实践的诠释学境况中具体化，并在具体化的过程中得到补充和修正，对构建兼具情境性和前瞻性的现代技术伦理具有理论指引作用。

（2）研究的实践意义

第一，通过对现代技术及其伦理问题进行效果历史反思，可以使人们重新审视自身对伦理风险的前理解，促使人们在一种情境化的、动态的、不断进行新筹划的过程中对技术可能的伦理风险进行把握，在修正自身的前理解的同时，还能增强自身的道德敏感性，进而在具体的技术实践中更有效地规避技术风险。

第二，通过异质间视域融合，可以使现代技术在传统与现代的视域中不断融合与扬弃，进而使前沿性的技术在一系列伦理的、法律的、行业的规范发展中前行，还可以促进技术活动参与者之间的相互理解和沟通，消除各利益相关者之间的信息不对称，进而构建一个健康、和谐、公平、公正的社会道德秩序。

1.2　国内外相关研究进展

现代技术伦理的诠释学研究是涉及诠释学与技术伦理学的交叉学科研究领域。诠释学的研究成果为理解和解释现代技术伦理问题提供了必要的理论基础，技术伦理的研究内容为诠释学视角的新探索提供了重要的理论借鉴。因此，有必要对诠释学和技术伦理的国内外研究现状进行综述与评价，从而为现代技术伦理问题的诠释学探究寻找有益的思想资源。

1.2.1　诠释学的研究现状与评价

（1）国内研究现状与评价

诠释学自20世纪80年代进入中国以来，在中国的发展大体上经历了四个阶段：

第一阶段（1980—1990年）：对西方诠释学的研究主要集中在翻译、介绍和消化上，关于诠释学的研究专著和相关论文相对较少，所关注和研究的主题主要集中在西方诠释学本身，缺少纵深和拓展。

第二阶段（1990—2000 年）：国内关于诠释学的译著和论著都取得了第一阶段不可比拟的成绩，伽达默尔、赫施、阿佩尔、哈贝马斯等人的著作相继被翻译出版，这些译本的问世进一步拓展了我们理解西方诠释学的视野。国内学者在这一阶段的论著也明显增加，所研究的内容不再局限于对西方诠释学的介绍和梳理上，而是体现为对诠释学本身作纵深、细微的研究。比如，严平[4]对哲学诠释学的"真理"问题进行了深入、细致的探讨；潘德荣[5]对中西方的诠释学思想进行了比较研究；施雁飞[6]则揭示了在哲学诠释学影响下发展起来的科学解释学的内容等。

第三阶段（2000—2010 年）：无论在译著、专著还是论文数量上，相关研究都较之前的两个阶段有了实质性突破。在译著方面，保罗·利科、唐纳德·戴维森、让·格朗丹等人的作品相继被翻译出版。在专著方面，以洪汉鼎、何卫平、俞吾金、李清良等人为代表的一系列著作陆续出版，其内容涉及对西方诠释学家的思想的专门研究、对西方诠释学史的系统介绍，以及关于诠释学的理论和应用等。与此同时，与诠释学研究相关的研究机构也在国内相继成立，比较典型的有安徽师范大学成立的诠释学研究所和山东大学设立的中国诠释学研究中心。这些研究中心通过策划和举办与诠释学相关的国内外专题研讨会，极大地推进了国内学者对诠释学的研究热潮。

第四阶段（2010 年至今）：国内对诠释学的研究呈现出爆炸式发展，不但关注诠释学研究的高校陆续增加，而且这一阶段的译著所涉及的主题和内容更加多样。华中科技大学成立了解释学研究中心，湖南大学岳麓书院成立了中西经典诠释学研究中心，复旦大学的学者关注中国经学诠释学研究，大连理工大学的学者则关注文学与诠释的关系问题研究。在译著方面，约埃尔·魏因斯海默、凯文杰·范胡泽、瓦尔德斯、罗伊·马丁内兹、帕尔默、约斯·德·穆尔、詹尼·瓦蒂莫、圣地亚哥·扎巴拉和克里斯蒂娜·娜丰等人的著作陆续被翻译出版；在专著方面，研究所涉及的内容相较于第三阶段也更加全面、丰富和细致。

总体来看，从第三阶段开始，国内学者对诠释学的研究不仅关注西方诠释学的历史和当代发展，还将其进一步拓展到相关的学术领域，主要体现在以下几个方面：

一是中国诠释学的研究。在这方面，国内学者主要关注以下三个问题：建立"中国诠释学"是否可能？如何创建"中国诠释学"？创建"中国诠释学"的意义何在？针对这些问题，魏长宝[7]认为，建构"中国诠释学"的可能性在很大程度上与"经典诠释学"的研究进展相关，而"经典诠释学"的路径研究和策略建构离不开其当代理论境遇；洪汉鼎[8]主张，从具有漫长历史和经验的中国经学这一经典注释路径出发，吸收当代西方诠释学的优秀成果，构建一种既不同于中国传统经学又高于西方诠释学的具有普遍性的经典诠释学，以在学科体系、学术体系和话语体系上充分体现中国特色、中国风格和中国气派。关于"中国诠释学"（或"经典诠释学"）的理论建构问题，潘德荣[9]提出，建构以"德性"为核心的"德性诠释学"；张江[10]指出，建构"中国阐释学"需要以"阐释的公共性"为焦点；彭启福[11]认为，无论创建哪种形态的"中国诠释学"，都必须首先弄清楚什么是经典诠释、它的性质和任务是什么等问题；景海峰[12]则指出，应从回应西方现当代文化的挑战、展现中国传统文化的深厚底蕴与明确目的性来建构中国的经典诠释学。针对中国经典诠释传统如何实现现代转型的问题，傅永军[13]认为，只有在"中西对话"与"古今之辩"的复杂关系脉络中，才能对中国经典诠释传统进行现代转型的诠释学处境做出准确的分析与判断。

二是马克思主义诠释学的研究。关于马克思主义哲学与诠释学二者之间的关系问题，俞吾金[14]率先提出马克思主义哲学实际上是一种实践诠释学的观点，并指出马克思的诠释学是一种真正的、现实的、实践的诠释学，马克思不只重视如何"改变世界"，也很关注如何"解释世界"。而对人们理解和解释活动的探究，马克思是从自己的历史唯物主义出发，立足于人的物质实践活动进行阐发的。在马克思看来，即使是荒谬的、神秘主义的观念或文本，也源自人的现实实践，更不用说实践活动对理解和解释活动正确与否的检验了。因此，对马克思而言，脱离实践活动的理解和解释都是毫无意义的。潘德荣[15]则认为，把马克思主义哲学称为实践诠释学是缺乏依据的，但这并不是说马克思没有自己的理解观，而是要表明，马克思主义的理解观很难说直接就是诠释学的，但这并不妨碍我们建立马克思主义的诠释学。不过，他不赞同"重建"马克思主义诠释学的观点，而是提出"构建"马克思主义诠释学的设想，即通过深入探究马克思主义的理解观，结合我们的现实实践，将马克思主义的理解观提升为马克思主义诠释学。就建构马克思主义诠释学这一理论构想，彭启福[16]指出，应该在"实践—文本"的双向度关系中建构一种马克思主义的"实践—文本诠释学"。

三是诠释学与科学哲学的研究。江怡[17]认为，二者讨论的共同话题较为集中在意义与理解、符号与语言、思想与世界等问题上。吴国盛[18]指出，诠释学可以为语义学的科学哲学的重新自我塑造提供有益的思想资源。吴彤[19]基于实践诠释学的视角对科学定律进行了重新解读，指出科学定律的真理是有条件的。郭贵春[20]立足于语境对科学研究中的意义建构问题进行了审视。曹志平[21]以诠释学为视角，对科学文本进行了全面的考察。进入21世纪以来，一场新的量子革命正在悄然兴起，人类对自然的认识以及人类社会的发展趋向将因此发生深刻改变，迫切需要进行哲学上的反思和审视。吴国林和叶汉钧[22]认为，诠释学作为一种研究方法，既适用于人文学科，也适用于自然科学，量子力学、量子信息理论等量子科学与诠释学相结合将形成量子诠释学。除了用诠释学的视角对科学哲学进行不同角度的探讨之外，国内学者还比较关注科学哲学家的诠释学思想。李创同[23]认为，库恩的科学哲学思想乃是一种另类的解释学，库恩无论在宏观上还是在微观上都拓展、丰富和扭转了德国解释学的传统。丁道群[24]指出，以库恩为代表的历史主义科学哲学倾向于对自然科学的解释学特征的阐释，在一定程度上实现了科学哲学的解释学转向。王云霞[25]则通过分析理查德·斯温伯恩科学理论成真概率的逻辑演绎，阐明了其科学哲学中的解释学原理，并指出斯温伯恩关于科学理论成真概率的原理不仅适用于非生命事件的解释领域，而且适用于有生命的人格性事件的解释领域。

四是诠释学与技术哲学的研究。在这方面，赵乐静[26]以专著的形式，从本体论解释学视角，探讨了解释学在何种意义与程度上适用于技术的问题，在强调意会理解的前提下考察了人文科学与自然科学在解释学基础上统一的可能性。许继红[27]对雷蒙德·威廉斯的技术解释学思想进行了系统的研究和剖析，指出威廉斯以"媒介即文化"的本体论、"中介论"的认识论、文化唯物主义的方法论初步架构起其技术解释学的基础理论框架，并揭示威廉斯是以重构生活方式来阐释技术解释学的内涵。杨庆峰、计海庆和文祥研究了唐·伊德的技术解释学思想。杨庆峰[28]认为，伊德的技术哲学奠基于现象学和解释学的背景之中，他运用现象学和解释学来分析技术，并在解释学问题上提出了"物质化的解释学"论题，要求把解释学扩展到非文本的范围内；计海庆[29]认为，伊德的后现象学是一种综合了杜威的实用主义和利科的文本解释学思想，以探究技术人工物的意义为旨归的"物的解释学"；文祥[30]通过分析伊德"技术诠释科学"的理解路径，指出"技术诠释"才是理解科学技术的基本原则。

五是诠释学与伦理学关系问题研究。在这方面，龚群[31]认为，伦理学与诠释学之间是内在贯通的，原因在于它们都分有实践理性的特性，这种实践理性体现为普遍的东西的具体化，即普遍性知识与具体实践情境的结合。张能为[2]则认为，不能将诠释学与一般伦理学等同起来，伽达默尔的"哲学伦理学"是在存在论的意义上将实践理解为伦理学实践，进而真正实现了诠释学与伦理学的内在统一。何卫平[32]着重从伽达默尔的哲学诠释学出发阐发诠释学与伦理学的关系问题，他认为伽达默尔哲学诠释学的伦理学色彩贯穿于其学术思想的始终，通过研究伽达默尔对柏拉图和亚里士多德关于善的问题的解读，进一步阐释了伽达默尔哲学诠释学的伦理学维度。[33]胡传顺和吴福友分别从不同的角度分析了伽达默尔诠释学的伦理学问题。胡传顺[34]认为，伽达默尔的诠释学是整体性的哲学，研究伽达默尔的伦理学，其实就是研究诠释学的伦理学，抑或伦理学的诠释学，二者密不可分。吴福友[35]则从西方文明危机出发对伽达默尔的实践哲学转向进行探讨，阐明了伽达默尔实践哲学的伦理学意蕴，即对实践理性的推崇，揭示以善为核心的诠释学对话是应对西方文明危机问题的根本途径。

上述情况表明，国内学者关于诠释学的研究已经不再停留在对西方诠释学的译介和研究上，而是拓展到对西方诠释学与中国哲学、马克思主义哲学、科学哲学、技术哲学和伦理学等其他哲学之间的关系等新领域的研究，学者们对诠释学的拓展性研究表现出了极大的关注。一方面，他们对诠释学的理论意义和现实价值表现出积极的认同，为我们从诠释学的视角对现代技术伦理进行研究提供了积极的理论环境；另一方面，他们从诠释学的视角出发，剖析了诠释学与其他哲学流派（尤其是科学哲学、技术哲学和伦理学）之间的融通关系，为我们从诠释学的视角重新审视现代技术伦理作了有益的探索。在诠释学的视野下，现代技术伦理只有被放在广阔的历史、文化背景下，结合现实的技术境遇，关注技术人工物的伦理意义，挖掘既有伦理原则的创生意义，才能有效发挥其社会效果。

（2）国外研究现状与评价

诠释学发端于西方，追其源头可上溯至古希腊。美国学者约埃尔·魏因斯海默（Joel Weinsheimer）在《哲学诠释学与文学理论》一书中给出了如下表述："在语文学、解经及注疏的形式中，诠释学起源于公元前6世纪对荷马的寓意解释，以及犹太法学博士对希伯来文《圣经》的注释和对摩西五经的注释。"[36]在古希腊时期，诠释学是一门把深奥莫测的神谕转换成人间可理解的语言的学问。在中世纪，诠释学作为一门辅助学科成为神学理论和法律解释不可缺少的一部分。直到文艺复兴及宗教改革时期，诠释学才作为一门关于理解与解释的技术性学科为人们熟知，只是还未获得理论上的形式。直到19世纪，在施莱尔马赫的努力下，诠释学才摆脱解释的任意性和主观性而发展为一切精神科学的基础，使诠释学从局部诠释学发展为一般诠释学。其后继者狄尔泰通过为精神科学奠定认识论基础这一尝试，使诠释学成为精神科学（人文科学）的普遍方法论。到了20世纪，海德格尔从对此在的生存论分析出发，揭示理解是此在的生存方式，使诠释学从方法论诠释学转向本体论诠释学。在继承海德格尔本体论诠释学的基础上，伽达默尔把诠释学与实践哲学联系起来，把诠释学从单纯作为本体论哲学的诠释学发展为作为实践哲学的诠释学，即作为理论和实践双重任务的诠释学。20世纪90年代，已至鲐背之年的伽达默尔提出诠释学是一种想象力的说法，国内学者洪汉鼎称这一性质的诠释学为作为想象艺术的诠释学[37]。在当代，诠释学呈现多元化发展态势，如贝蒂和赫施的方法论诠释学、哈贝马斯的批判诠释学、保罗·利科的文本诠释学、阿佩尔的先验诠释学以及德里达的解构主义诠释学等。总体而言，就诠释学与其他学科的关联而言，国外关于诠释学的研究目前大致体现在以下几个方面：

一是诠释学与医学哲学研究。国外试图将诠释学的一些基本理论或概念引入医学领域，比如"实践智慧""视域融合""移情""对话"等，以增强医患之间的理解与沟通，消弭医患矛盾。比如，Fredrik Svenaeus[38]主张将伽达默尔诠释学强调的"实践智慧"引入医学领域，并指出如果医疗实践被看作一场医生和病患之间的解释性会晤（interpretative meeting），目的是恢复患者的健康，那么实践智慧就是判断一名好医生的标准，他们能够通过解释知道如何在特殊的时间为特殊的患者做最好的事。Ellen S. More[39]则强调"移情"在医学中的作用，他认为应该把"移情"作为解决医患关系的核心，通过"移情"，我们就进入了一种诠释学实践，并通过反身理解病患和自己，在对移情概念在临床医学中的历史演变进行概述后，他还主张在新手医生中培养移情能力。Stephen L. Daniel[40]认为，一个病患就类似于一个文学"文本"，可以在四个层面进行解释：病患的身体状况和病患陈述的故事；文字数据的诊断意义；诊断的实践（预测和治疗决策）；受病患和医生各自生活世界的影响在诊断中发生的变化。此外，Aurora Munoz-Munoz和她的团队[41]用诠释学的方法研究受丙型肝炎影响的女性的情感世界，以此全面地理解她们所处的复杂环境、她们的表情和她们的行为。Rob Stenner、Theresa Mitchell 和 Shea Palmer[42]通过解析伽达默尔关于诠释学循环、传统、前见（偏见）、对话和视域融合等概念，探讨了哲学诠释学在促进理疗实践的理解上的作用。医患矛盾一直是医学研究领域比较关注的问题，诠释学的基本理论为消解医患矛盾提供了可操作的方法。在现代技术伦理研究领域，也存在着多元主体间的价值冲突，比如科学家与公众之间、技术设计者和使用者之间的价值对抗等。运用诠释学的理论对现代技术伦理中异质性视域间的价值冲突进行审视，对于开展技术人员与公众之间的对话，进而有效地影响技术人工物的设计具有重要的意义。

二是诠释学与科学哲学的研究。国外从事自然科学的诠释学研究的哲学家主要有希兰、吉德林、古德曼、克里斯、埃杰等。他们试图用诠释学理论对自然科学重新进行评价，并且取得了一系列成就。比如，希兰（Heelan P. A.）[43，44]在其主要著作《量子力学与客观性：对维尔纳·海森堡物理哲学的研究》（*Quantum Mechanics and Objectivity：A Study of the Physical Philosophy of Werner Heisenberg*）和《空间感知与科学哲学》（*Space-Perception and the Philosophy of Science*）中阐述了诠释学的科学哲学思想，比如主张从生活世界出发的视域实在论，强调诠释学的方法论，注重意义、价值、隐喻的作用，主张将科学发现、科学伦理等范畴纳入科学哲学的研究领域等。吉德林（Gendlin E. T.）[45]在《响应秩序：一种新的经验主义》（*The Responsive Order：A New Empiricism*）一文中，从对语词概念的阐释出发，关注生活世界中的相互影响和相互作用，提出了一种不同于"逻辑秩序"的"响应秩序"（responsive order）理论，试图用一种新经验主义方法来解决科学哲学中存在的传统经验主义和后现代主义的对立。古德曼（Goodman N.）[46]在《构造世界的多种方式》（*Ways of Worldmaking*）一书中阐释了其构造主义或建构主义思想，在他看来，世界并不是一种客观的、绝对的、与人无涉的被动世界，而是一种主客关联的、意义丰沛的语境化世界。他关注语境与科学之间的关系，提出了一种不同于"真理符合论"的语境论真理观，强调真理的构造与语境的相关性，主张真理是一种多元的、主客交融的、语境化的动态存在。简言之，诠释学科学哲学反对将自然对象化、客观化、绝对化，倡导在主客交融的实践关系中研究自然；反对将自然科学看作超然于历史、文化之外的存在，提倡自然科学的历史性和语境性；目的就是要把自然科学拉回生活世界，为现代科学寻觅一个本体论和认识论基础。那么，从诠释学的视角来理解，现代技术伦理只有从生活世界出发，放在历史、文化背景之下予以考虑，才能真正有效地发挥其社会效果。

三是诠释学与技术哲学的研究。美国技术哲学家唐·伊德[47]的技术哲学奠基于诠释学和现象学的背景之中，他运用诠释学来分析技术，提出了"物质性诠释学"的论题，把诠释学扩展到非文本的范围内，指出诠释学与自然科学密切相关，自然科学所发展出来的诠释学技巧对于人文科学也具有重要的意义和价值。比如，成像的实践就是一种复杂的视觉诠释学，图像被"阅读"和"解码"的过程已经暗含着诠释学的线索。科学研究对象（比如天文学和粒子加速器）的范围通常不包含语言的维度，它们不会说话，只能借助于物质化的手段进行，而物质性诠释学的引入就可以让这些沉默的事物"说话"，并转化为我们的人文和人类科学实践。安德鲁·芬伯格、Bruno Latour 和 Couze Venn 则在不同程度上赋予了技术人工物以技术文本的维度。芬伯格将电路、杠杆等特殊原理称为"技术元素"，在他看来，这些"技术元素"就像语言中的词汇一样可以被排列组合成各种具有不同意义和意向的句子[48]。Bruno Latour 和 Couze Venn[49] 对人类和非人类行动者赋予同等地位，模糊了主体与客体的界限，将"铭刻"着技术设计者意向的技术人工物视为影响人类行为的"脚本"或文本，拓展了文本的概念及解释的可能性。技术诠释学扩展了文本的解释范围，将技术人工物视为理解和解释的对象，对于分析技术人工物的伦理价值，进而准确、有效地阐释现代技术伦理问题产生和发展的机理具有重要的借鉴意义。

1.2.2 现代技术伦理的研究现状与评价

（1）国内研究现状与评价

随着现代技术的快速发展，其所引发的伦理问题逐步受到学界的重视，成为当前研究的热点问题之一。目前，国内学者除侧重于从理论上研究现代技术伦理问题之外，还注重研究具体技术实践中的伦理问题，比如近年来炙手可热的基因技术、人工智能技术、纳米技术等技术中的伦理问题。此外，国内学者也开始对现代技术伦理问题进行跨学科研究，诠释学的研究方法被应用于现代技术伦理的研究领域。

①对现代技术伦理的理论研究

国内学者逐渐从技术的决策者、生产者和使用者等技术主体的层面研究现代技术伦理问题。赵迎欢[50]通过分析高技术对人权的冲击和影响，指出主体责任的缺失是导致伦理困境的源头，进而提出了"责任的技术控制"这一主张，以重建高技术主体的伦理责任。张华夏[51]基于现代伦理来审查现代科学技术在发展过程中存在的伦理问题，并进一步探讨了科学共同体应遵循的伦理规范和科学家应承担的社会责任。樊浩[52]认为，现代技术的伦理困境在于高风险与高机遇的两难，伦理困境的解决之路是向传统的中道哲学寻求伦理智慧，高技术伦理精神的中道是"新人文主义伦理精神"。李文潮[53]从跨文化的角度对技术自身和技术之外所面临的伦理问题进行分析，指出由现代技术引发的伦理问题已经渗透到公众的意识之中，而学界关于技术伦理的各种模型和理论的争鸣，表明技术伦理的意义并不在于它能给出什么样的答案，而在于人类意识到技术发展的可控性，这宣告了技术决定论的结束。王国豫和刘则渊[54]认为，高科技自身的模糊语境和双重后果对经典的科技观、价值观和伦理观提出了挑战，对"高科技悖论"的破解，要在高科技自身理性的社会实践中探索可行之路，在人与自然、人与人的两种关系上化解高科技悖论，确立以人为本的科技观、价值观和伦理观，引领高科技造福人类社会，实现每一个人的解放、自由和发展。陈爱华[55]认为，高技术发展所带来的伦理后果的不确定性使技术活动主体的道德选择成为亟需解决的问题，主张运用必仁且智的价值取向、德得相通的运作方略和内圣外王的探究智慧来促进人、自然与社会的健康协调发展。

②对具体的技术实践中所引发的伦理问题的研究

近年来，在具体的技术实践中，国内学者关注的焦点主要集中在基因技术、网络与信息技术、纳米技术、大数据与人工智能技术等技术中的伦理问题，这些研究结合具体的技术实践阐述了各具特色的技术伦理思想。

具体而言，国内学者对于基因技术的伦理问题研究，主要侧重于宏观的伦理分析和具体问题的探讨上。在宏观研究方面，薛桂波[56]认为基因技术所引发的伦理风险具有特殊性和复杂性，这使得传统的风险控制和治理有效性不足，主张从人文导向、制度调控和公众参与等方面，为基因技术伦理风险寻求更为有效的应对策略。樊浩[57]则认为，对基因技术伦理问题的研究不应当局限于进行伦理批评或提出伦理战略，应当用拓展了的发展伦理学的方法对基因伦理进行研究。在具体的基因技术伦理问题研究方面，学者们研究的主要内容包括基因编辑、基因诊断与基因治疗等相关伦理问题。邱仁宗[58]认为，对基因编辑技术要采取积极、审慎的态度，通过分析基因编辑技术在研究和应用中可能出现的伦理问题，对基因技术允许、禁止和限制的应用范围进行了详细的阐发。甘绍平[59]通过分析个体自由选择的增强活动和父母通过基因干预对后代实施的"增强"活动所引发的伦理问题，指出人类自由的基点是出生时被赋予的随机性与偶然性，如果这一基点受到干扰和损害，那么人之为人的自由性、自由选择能力也从根本上受到了限制与制约。路群峰[60]通过分析基因编辑技术对人的尊严、后代人自主权和社会公正等方面的伦理挑战，指出为了守住"自然人"的存在底线，应该禁止涉及生殖系的基因编辑技术的临床应用。陶应时和王国豫[61]从人的完整性的视角出发，指出以治疗为目的的基因编辑技术是对人的完整性的尊重与维护，可以得到伦理上的辩护，而增强性和颠覆性的人类胚胎编辑技术则与之相反，是不可逾越的伦理禁区。肖显静[62]从生物完整性的视角，指出要伦理地拒斥异源性转基因技术，因为它违背了生物物种的完整性；要伦理地接受同源性转基因技术，因为它通常没有损害到生物物种的完整性；而对基因内修饰技术要具体情况具体分析，因为它有可能损害生物物种的完整性。对于基因诊断和基因治疗的伦理问题，刘学礼[63]、钟文燕和龙佳解[64]、王洪奇等[65]通过分析基因治疗方面可能出现的伦理问题，分别从不同的角度提出了基因治疗所需遵循的基本原则，比如知情同意原则、安全性原则、保密原则等。

就网络与信息技术而言，其最大的特点之一是构筑了一个不同于现实世界的、没有客观实体的世界——"赛博空间"（cyberspace），赛博空间看似是一个物理空间，实则是由计算机构筑的、代表抽象数据的网络结构，它使人类第一次真正拥有了两个世界——现实世界和虚拟世界，拥有了两个生存平台——现实的自然平台和虚拟的数字平台，进而使人的存在方式发生了革命性变革。其中一个突出表现是与传统伦理的不适应。唐晓燕[66]认为，赛博空间的符号化趋势、虚拟性特征、间接性交往方式会逐步让传统伦理规范失去对个体的制约作用，进而导致诸如传统道德基础逐步消解、伦理领域的相对主义盛行、道德监督和评价困难等一系列伦理问题。尹川[67]进一步指出，赛博空间在冲击传统的道德体系，影响社会道德秩序的同时，也引发了新的伦理道德问题，比如公民隐私被侵犯、人文关怀缺失等。针对网络信息技术带来的信息泄露、网络诈骗、黑客攻击等伦理问题，不同学者给出了各自的解决路径。田鹏颖和戴亮[68]主张，在马克思主义伦理学的指导下，对斯皮内洛的网络伦理技术论进行优化，通过增强网络主体的自律意识来规范其在网络世界中的交往行为，最终实现道德人与网络人的统一。龚群[69]认为，健康有序的网络信息社会的建构除了要有伦理道德的约束之外，还要有法律的制约，使网络世界中破坏正常秩序、追求不当利益的犯罪分子得到应有的惩罚。吕耀怀[70]认为，对于信息安全的伦理考量需要技术保障、法律保障和伦理保障三者共同起作用。安宝洋和翁建定[71]指出，网络信息伦理的重构，不仅要求完善数据安全法律，还要求提高安全防护技术，增强公众的隐私保护和数据维权意识。

在对于纳米技术伦理问题的研究上，王国豫和李磊[72]认为，研究的重点不是从纳米技术可能导致的不良后果出发对其进行伦理反思或评价，而是要对可接受和可行的伦理框架进行研究，从而将纳米技术的发展从可能性引向可行性。李三虎[73]通过分析纳米伦理学的三个维度，即实践探索维度、人类经验维度和本体统摄维度，指出纳米伦理学试图通过本体统摄实现意向和非意向学科群的系统稳健发展，以技术与社会的共同进化来推动纳米技术的健康发展。胡明艳[74]通过分析早期纳米技术研究遭遇的两大困境，从科学技术研究（science and technology studies，STS）的视角出发，指出应当超越传统的伦理学的研究视角，进行行动中的跨学科伦理研究，即将人文社会科学家、自然科学家和普通公众共同纳入纳米技术的风险防范和社会治理，以更好地应对纳米技术可能给社会生活带来的伦理挑战。陈首珠和夏保华[75]通过分析纳米技术与伦理协同建构的目标与可行性，主张应始终将纳米技术纳入伦理的考量之下，促进纳米技术的伦理构建。张灿[76]通过对国外纳米伦理学研究的热点问题进行评析，指出对纳米技术采用纯粹乐观主义或悲观主义都不合适，而应吸取以往纳米技术发展中的经验、教训并进行充分的伦理反思，这对于促进纳米技术负责任的发展具有重要意义。

对于大数据与人工智能技术的伦理问题，国内近几年的研究较多。关于大数据技术的伦理反思，邱仁宗等[77]通过分析大数据技术中的伦理问题，提出了伦理治理的概念，并引入了基本目的、负责研究、利益冲突、尊重隐私、公正、共济透明和参与共九个伦理原则，为大数据技术的顺利推广建立了伦理学基础。李伦[78]认为，数据主义作为数据巨机器的"意识形态"，导致了数据权利与数据权力的失衡，而要走出这一困境，需要彰显基于权利的数据伦理，以平衡数据领域自由与善的关系问题，促进数据共享，以实现人的自由。在大数据与隐私保护的问题上，吕耀怀和罗雅婷[79]认为，要在大数据时代维护个人的隐私利益，需要从伦理、法律和技术三个方面加强建设。薛孚和陈红兵[80]认为，应对隐私伦理挑战的解决对策包括提高数据用途透明度、调整个人隐私观念、搭建共同价值平台、寻求合理的伦理决策点等。关于人工智能技术的伦理反思，刘伟[81]认为，对于人工智能技术可能带来的伦理问题的研究，不仅要从机器技术的快速发展角度进行考虑，还要将人工智能的交互主体——人——考虑进来，这样才能使人工智能和人类在各自的领域内各司其职、共同促进。段伟文[82]通过对人工智能体的拟伦理角色进行辨析，指出应该立足于"有限自主与交互智能体"这一新的概念对人工智能技术展开价值审度与伦理调适，以把握人工智能伦理研究的本质，并凸显人工智能时代的实践明智。闫坤如[83]从道德主体标准的嬗变出发，分析了人工智能机器的道德主体标准，指出应该把"善"的理念嵌入人工智能机器设计，以发挥人工智能机器的道德指引作用，引导其健康发展。王钰和程海东[84]通过分析伦理嵌入人工智能的设计阶段、试验阶段、推广阶段和应用阶段，阐释了人工智能技术伦理治理的内在进路。

③对现代技术伦理的诠释学研究

随着诠释学在国内的蓬勃发展，国内学者开始将诠释学的理论纳入技术伦理的研究，并从诠释学的相关理论出发对具体的技术实践进行分析。傅永军[85]指出，技术化时代个体行动的实践困境源自现代性对个体诗意畅想和自由创意的压制，进而导致个体自由意志的萎缩，伽达默尔的哲学诠释学伦理学对这一问题做出了伦理学诊断，通过召唤实践智慧，使人们回归经验的生活世界，以超越并克服技术化时代个体行动的伦理困境。杨庆峰[86]从人工智能技术发展所面临的难题入手，通过梳理人工智能与解释学两条路径，指出透明性和关联性是构建人工智能伦理原则的重要支撑，二者缺一不可，虽然透明性打开了技术的黑箱，但对智能体与具体情境之间关联性的澄清是理解人工智能的关键。李三虎[87]把现象学—解释学的方法引入对纳米技术的思考，将脱离人类直观的纳米世界纳入人类的经验对象。崔克锐和杨光玮[88]从哲学诠释学的视角出发，指出虚拟与现实的视域融合是网络思想政治教育的意义旨归。朱勤[89]运用解释学的理论分析工程伦理学中的解释维度，阐明了工程伦理学中解释的要素、模式和方法，并以"挑战者号航天飞机失事事件"为例对其进行多视角的解释。郑海昊[90]运用诠释学的"视域融合"理论，通过引入时间维度对数字技术发展引发的数字影像行为进行范式解读，突破了传统审美的二元体察模式，更好地理解和把握数字影像在新媒体生态中的发展方向。严进[91]从识解水平的角度研究了时间距离与伦理判断之间的关系，指出事件的时间距离有利于人们形成高识解表征，进而更好地识别决策困境中的伦理原则。虽然国内学者开始将诠释学的理论吸收到技术伦理的研究中，并取得了一定的理论成果，但仅限于用诠释学的某些理论对某一具体技术实践展开分析，其研究相对分散。尽管国内研究缺乏从诠释学的视角对现代技术伦理进行系统的分析与研究，但学者们的研究成果为本书的研究提供了很好的理论借鉴。

（2）国外研究现状与评价

国外学者关于技术伦理的研究主要体现在技术伦理基本原则、技术伦理评估、技术伦理规范、技术设计的伦理价值等方面。汉斯·萨克瑟（Hans Sachsse）、汉斯·约纳斯（Hans Jonas）、汉斯·伦克（Hans Lenk）和卡尔·米切姆（Carl Mitcham）等强调将"责任"作为技术伦理的基本原则；海因奈尔·哈斯泰特（Heiner Hastedt）、罗波尔（G. Ropohl）等倾向于引入技术伦理评估机制；克里斯多夫·胡比希（Christoph Hubig）、布丁格尔（Budinger）等强调技术伦理的制度化；维贝克（Peter-Paul Verbeek）、福戈（B. J. Fogg）、巴蒂亚·弗里德曼（Batya Friedman）等关注技术设计的伦理影响。

汉斯·萨克瑟在《技术与责任》中首先将马克思·韦伯的"责任"概念与技术联系在一起，主张重新发掘技术的伦理维度，并倡导一种"主体间的伦理"，呼吁科学技术人员在职业道德、跨学科的合作和环境保护等方面积极承担责任[92]。汉斯·约纳斯[93]在《责任原理》中明确地把"责任"作为现代技术伦理的中心道德标准，并在其姊妹篇——《技术、医学与伦理学》——中将责任原理运用于与人类生存密切相关的生物学领域和医学领域，倡议对现代技术进行伦理反思。汉斯·伦克[94]对责任进行了更为细致、深入的探讨，形成了自己的责任伦理体系，划清了内在责任与外在责任的界限，区分了不同层次的责任类型，探讨了共同责任的分配问题，区分了机构责任和法人责任，拟定了调适责任冲突的原则；明确了职业伦理的特例[95]。卡尔·米切姆[96]主张将"责任"置于现代技术伦理学的中心，并倡导能够迎合现代技术发展并应对现代技术风险的"责任伦理学"，要求科学技术人员担负"考虑周全的责任"。

海因奈尔·哈斯泰特主要融合了哈贝马斯商谈伦理学中的形式原则与罗尔斯正义论中的实质原则，初步构建了一个以义务论为基础的技术伦理学逻辑框架，把技术评估纳入伦理学，对技术后果预测与具体的行为指导之间的关系进行了较为细致的分析[97]。罗波尔主要是在社会—技术系统论的基础上，较为系统地考察技术的概念、现代技术活动的主要特性，剖析责任的基本结构和类型，提出要用机制责任来代替个体责任的评估机制，构建了基于社会—技术系统论的、功利主义的技术伦理学，并提出了关于生命、健康、公正、自由和团结的功利主义的技术评价标准[98]。值得注意的是，罗波尔的规则功利主义实际上是一种消极的规则功利主义，这是因为，在他看来，一个技术行为能否得到伦理学上的辩护，不在于这一行为能否实现最大多数人的最大幸福，而在于它能否减轻人的痛苦，这其实是一种"最低主义"的道德哲学，以最少数人的最小损失作为衡量道德的标准。

克里斯多夫·胡比希在《技术伦理与科学伦理导论》中提出了技术伦理的制度化构想，以填补建立在个体行为理论框架上的传统伦理观的空白。他从分析技术中的价值及价值冲突出发，通过对义务论伦理观、功利论伦理观、契约论伦理观和进化论伦理观在新技术条件下所面临的困境、局限和根源的深入分析，提出发展一种针对实际的、面向未来的、考虑情境的"智慧伦理"，并进一步提出了七种主要用于化解价值冲突的技术方式，包括个体化处理、地区化处理、平行转移、追本溯源、禁止战略、推迟决策和妥协，与遗产价值和选择价值共同作为面向未来的且符合实际的"伦理帐篷"，并且突出强调技术伦理得以实现的关键在于将技术伦理转化为制度伦理[99]。布丁格尔[100]对于新兴技术（如网络与信息技术、基因技术、纳米技术等）内含的伦理问题，提出了解决技术伦理困境的"4A战略"，即把握事实、寻求替代、进行评估、动态行动，并将其作为技术伦理研究的基本框架。

维贝克[101]认为，从技术的负面后果出发进行伦理反思的进路，无法应对技术实践中的所有问题，具有理论局限性，不应把技术局限为伦理反思的对象，而要把技术发展为伦理规制的手段，即要考虑到技术的"居间调节"作用，考察如何将伦理因子嵌入技术的设计之中，使技术人工物发挥道德引导功能，并提出了"道德物化"（materializing morality），从技术设计的角度发展出一条内在主义的研究进路。福戈[102]提出的"劝导技术"（persuasive technology）与维贝克的"道德物化"有异曲同工之妙，他主张赋予计算机技术以伦理导向功能，通过设计交互式计算产品来影响人的观念、态度，进而调节人的行为。同样，基于信息时代的需求，巴蒂亚·弗里德曼[103]的"价值敏感设计"（value sensitive design）主张在技术设计中，将与人类福祉相关的各种价值因素（如幸福、公正、隐私、知情同意、安全等）纳入进来。此外，近年来欧美国家兴起的"负责任创新"（responsible research innovation）理念[104]也主张将对技术后果的关注转移到技术设计、创新环节，强调技术设计的伦理价值，通过完善技术设计来规避基于风险的评估缺乏早期预警的弊端，使创新成果更好地造福人类。

尽管与国内研究状况相似，国外也鲜有学者明确、系统地对现代技术伦理进行诠释学研究，但可以看出，学者们对技术伦理的理论研究中暗含着诠释学线索。比如，"负责任创新"理论强调将更多的要素纳入责任系统，不仅要考虑到异质性主体的利益诉求，还要考虑到将伦理介入技术实践，以增强技术哲学的建设性，这一点与诠释学视野中的"对话"和"视域融合"理论相契合。此外，"负责任创新"理念还要充分考虑技术所在的社会和环境影响，与诠释学视野中此在理解的"境缘性"不谋而合。无独有偶,"价值敏感设计"中对与人类幸福相关的诸多价值因子的吸纳,"道德物化"理论中技术人工物伦理功能的彰显,都是诠释学"视域融合"理论的生动体现。卡尔·米切姆的"考虑周全的责任"也体现出一种根据具体技术情境进行伦理考量的"实践智慧"。这些理论线索都为我们对现代技术伦理进行诠释学研究提供了宝贵的思想资源。

1.3 研究思路和方法

1.3.1 研究思路

本书从哲学诠释学的理论和立场,分析了现代技术的伦理之意、伦理之路、伦理之境。本研究的目的是使现代技术伦理在德性、理性、实用精神的共同推动下,成为生活世界中处理人与技术、自然关系协同发展的可知、可践行的行为规则。本书从分析现代技术超验性的特性出发,阐述了现代技术在生活世界中所面临的伦理困境,并针对现代技术对生活世界全面解蔽与遮蔽的现实,从诠释学的视角阐释现代技术伦理的"前理解"结构、"时空"域的延展与交融的特征、效果历史的进路和现代技术伦理的"视域融合"途径、"实践智慧"的辩证内涵,使现代技术伦理的澄明之境得以在生活世界展现。这不仅可以使现代技术伦理得以全面阐释,成为技术实践和生活实践的基本伦理准则和共识,更重要的是使之成为共同体成员可认知的、可遵循的、具有指导意义的共同价值观。

具体而言,本书首先从分析现代技术所呈现的超验性特点入手,通过分析现代技术在生活世界中面临的伦理困境,阐述了诠释学视域下现代技术伦理研究的必要性和理论基础,进而从诠释学的视角提出现代技术伦理概念。现代技术伦理的诠释学概念，包括现代技术伦理的前理解、前结构、时空距离、效果历史、视域融合和实践智慧等概念。"前理解"作为形成理解的必要前提和基础，是现代技术伦理的自觉向度，现代技术伦理的"前有—前见—前把握"结构是我们形成伦理判断与预判的前提；现代技术伦理的"时空距离"是我们理解现代技术及其伦理问题的"过滤器"和"生长域"，具有积极因素；现代技术伦理的"效果历史"进路是从动态的、历史的、整体的角度反思现代技术，构建具有整体性、情境性和前瞻性的现代技术伦理。"视域融合"作为深化理解的基本途径，是现代技术伦理"间性"的澄明向度，通过阐述现代技术伦理视域融合的基础和维度，指出现代技术伦理视域融合的最终旨归是构建一种以生活世界为中心的视域互构共生的现代技术伦理。"实践智慧"作为理解的内在要素和真正本质，为现代技术伦理的未来发展指明了方向，通过对实践智慧的概念进行梳理和辨析，揭示了通过诠释学的自我思考所召唤的实践智慧在现代技术伦理中展现为"慎思"的实践智慧、"明辨"的实践智慧与"笃行"的实践智慧。

1.3.2　研究方法

（1）交叉学科的研究方法

根据现代技术和现代技术伦理的特点，运用诠释学、技术伦理学和技术哲学交叉学科的方法，从诠释学的视角考察现代技术伦理面临的问题，并结合具体的技术环节研究技术实践中的伦理问题，通过不同视角的融合与贯通，阐明了现代技术伦理的前理解、视域融合以及实践智慧等维度，不仅丰富了技术伦理学的内容，也为构建以善为核心，兼具情境性和前瞻性的现代技术伦理提供了可借鉴的方法。

（2）概念分析方法

研究涉及诠释学和技术伦理学理论中的相关概念，包括前理解、时间距离、效果历史、视域融合、实践智慧、外在主义、内在主义等，通过对这些概念进行阐释和辨析，结合现代技术伦理的特点，揭示现代技术伦理语境中的前理解、视域融合和实践智慧等概念，充分运用诠释学理论中的思想资源，对现代技术伦理进行阐释。

（3）案例分析法

在对现代技术伦理的"前理解""视域融合""实践智慧"三个维度进行论述的过程中，从具体的技术实践出发，结合现实案例对这三个维度所关涉的基本概念、基本思想和基本方法进行进一步的阐释，在阐明诠释学视角下的现代技术伦理概念和理论的同时，深化我们对这些概念和理论的理解，从而更加合理地指导现实中的技术实践活动。

2

问题产生的背景及诠释学阐释

从来都没有哪一个时代的技术像现代技术这样，基于深刻的解蔽渗透到人类生活的方方面面。无论是探究微观领域的基因技术、纳米技术，还是开拓宇观领域的宇航技术，抑或触及精神领域的信息技术、人工智能技术，都呈现出一个共同的特点，即超越了人类生活世界的经验感知，这在加剧了技术后果的不确定性的同时，也困扰着人们对现代技术伦理问题的认知和判断，从而使我们在现实世界中对现代技术伦理的理解和把握遭遇诸多问题。我们如何在现实世界中理解超越人类经验直观的现代技术及其伦理问题，是一个迫切需要阐释的哲学问题。诠释学作为一种超越实证方法的精神科学，是关于意义、理解和解释的理论。从哲学诠释学的视角来看，理解是人类的存在方式，是历史与现代、自我与他者、陌生与熟悉的汇合或沟通。现代技术作为此在理解存在的"境缘性"具有可理解性，其对伦理认知和道德判断的挑战召唤诠释学的出场。

2.1 现代技术及现代技术伦理的概念解析

2.1.1 现代技术的本质及特征

在希腊神话中，由于"埃庇米修斯的过失"，人类成了有缺陷的生物。为了挽救人类，普罗米修斯"从赫淮斯托斯和雅典娜那里偷来了各种技艺，再加上火，把它们作为礼物送给人"[105]。从一开始，人类就被赋予了使用技术的能力，技术性生存成为人类的生存方式。从任何经验的或历史的意义上来说，没有技术的人类生活是无法想象的。"无论是现在还是在历史上，甚至在史前时期，人类都拥有某些最低限度意义上的技术"[106]。人类利用技术对自然"解蔽"，达到为了人类自身的生存而控制、改造和征服自然的目的。随着岁月的流逝、时代的变迁，技术在内容和形式上均发生了翻天覆地的变化。现代技术已然不是一种单纯的合目的的手段，"而是自然、世界和人的构造"[107]，技术成为对人与自然、现实和世界的关系加以规定的力量。相较于古代技术，现代技术的解蔽方式更加深刻与彻底。人类此前无法企及甚至不敢想象的事情，现如今都可以成为技术涉猎的对象。技术对自然、社会乃至人的身体和精神的干预程度也在不断加深，在现代社会中呈现为对自然世界的促逼、对生活世界的构造和对精神世界的干预，这些特征在现实世界不但困扰着我们的认知，也挑战着我们的生活经验，主要表现为：现代技术对自然世界的促逼使技术后果无法预知，对生活世界的构造使人的生活经验丧失了有效性，对精神世界的干预有着使人丧失人之为人的根本的危险。

第一，现代技术对自然世界的促逼，使自然降格为单纯的功能性材料，遮蔽了自然的整体性，隐藏着无法预知的风险。在古代，技术更多地与"技艺"联系在一起，是与制作相关联的理性能力，亦即与"正确地"制作出艺术产品相关联的理性能力，这种"正确"性即是"把伦理意义和美学意义上核准了的目的同技术意义上的理性手段包含在单一的复合体中"[108]。比如，建造房屋的技艺并不只是在物理的层面上按照一定的方式将材料堆积起来，还要在伦理和美学的层面上考虑到房屋的安全性和舒适性。技术的这种解蔽方式并不是肆意妄为地对自然强行施加武断的规划，而是对自然潜能的实现，是包含善的目的的手段。人与自然之间是和谐共生的关系。在现代技术中起支配作用的解蔽并不是遵循自然本有目的的"产出"或"创作"，而是一种"促逼"，"要求自然提供本身能够被开采和贮藏的能量"[109]。现代技术在"促逼"的意义上"摆置"自然，将自然"限定"为等待按照人的意志进行加工和改造的单纯的物质和材料，缩减为交付价值（开采价值、使用价值、医学价值等）的功能。矿物变成能量提供者，大地变成"劳动者的资本"，动物变成生活资料提供者等。在人与自然的关系中，人站在自然的对立面"突出"自身，要求对自然进行"无条件的统治"。现代技术对自然缺乏敬畏的解蔽，遮蔽了自然的完整性和神秘性，可能导致无法预知的后果。在现代社会，我们已然可以在纳米尺度上研究物质的性质和应用，比如"纳米银"已被应用在冰箱、婴儿产品和服装上进行杀菌，然而，纳米颗粒是否会避开生物的自然防御系统、是否能生物降解均是未知数，这无疑给人的健康和生态环境带来了潜在的威胁。

第二，现代技术对生活世界的构造，使生活世界被量化的普适性、计算的精确性等技术标准控制，人的日常经验丧失了有效性。在古代，技术的展现被包括在总的文化中，技术参与现实的构造和宗教、神话等其他展现世界的方式交织在一起。比如，动植物和大地被看作由神创造的某种独立的东西，动植物和大地产出的物品是仁慈的上帝赐予人们的礼物。人们用"养育"和"照顾"的方式去补充和支持动植物的生长过程，相关技术的发明和使用都是为这一目的而存在的。这种展现方式保留了人的主动性和事物自身的独立性，在意义上多于只靠技术生产所决定的东西。这在一定程度上给技术设置了不可逾越的界限，禁止技术将它们变成技术生产的单纯物质。而在现代技术中，一切其他（如神话、宗教、自然）方式的视野都被排挤掉了，正如海德格尔所说，它们"到处在后面充当爬虫"，对事物构造不再有决定性的影响，剩下的只是可以由技术加以塑造的单纯的物质。技术成为普遍的、对人与自然和世界的关系加以规定的决定性力量，是纯技术的现实构造。现实社会已然变成一个"巨机器"，"人类不再是作为使用工具的动物来主动地发挥作用，而是成为被动的、为机器服务的动物"[110]。人的知识和认识受技术标准的限制、影响和控制，这可能会引发诸如食品安全、产品质量等伦理问题。比如2008年的奶制品污染事件，不法分子就是利用"凯氏定氮法"根据氮（N）原子的含量多少来判定蛋白质含量高低的技术标准漏洞，在奶制品中添加对身体有害的、氮原子含量高但并不真正改善蛋白质含量的化工产品三聚氰胺，只是使检测结果测出高蛋白含量，致使很多食用添加了三聚氰胺奶制品的婴儿患上肾结石，给个人、家庭和社会都造成了极其严重的影响。[111] 不法分子利用现代技术标准的漏洞牟取非法利益，而监管者对技术标准的简单贯彻和执行遮蔽了人们的双眼和事物的本有之意。由纯技术交往所呈现的生活世界不但会剥夺人类经验的有效性，还有丧失生活世界自身意义的丰富性的危险，唯技术是尊的结果只能是迷失在技术构建的幻境里。

第三，现代技术对精神世界的干预，使人的意志被促逼入现代技术的解蔽命运中，成为技术构造物的预定者，有使人丧失人之为人的根本的危险。现代技术作为订造者的解蔽方式，无论对自然世界的促逼，还是对生活世界的构造，都不是单纯的人的行为，而是人受这种解蔽方式的促逼，并以订造的方式把现实事物（包括人类自身）作为持存物解蔽出来。换句话说，人比自然更原始地被促逼到了订造中，人被功能化，成为技术工作人员，通过从事技术而参与作为解蔽方式的订造，"人的自为存在的、独立的自身丧失于无条件的生产"[107]。人不再作为对存在的解蔽状况的了解者与存在照面，并从存在出发规定自己，正是这些特质允许人与自然和世界有丰富的交往。被技术促逼的人完全投身于纯粹的技术展现，"一味地去追逐、推动那种在订造中被解蔽的东西，并且从那里采取一切尺度"[109]，好像世界上存在的一切事物都是人类的猎物或制成品，仿佛人所到之处，所照面的还是自身。但实际上，"今天人类恰恰无论在哪里都不再碰得到自身，亦即他的本质"[109]。明明受现代技术促逼之威胁，却以地球的主人自居；明明处于现代技术促逼的后果中，却甘之若饴。人在技术理性的裹挟下丧失了自身的独立性、否定性和特殊性，变成马尔库塞口中的"单向度的人"。这一状况进而引发了很多伦理问题，比如基因编辑技术和人类增强技术的无规定性使用会对人的自然本性产生潜在威胁，互联网和信息技术的无规约应用会侵犯人的隐私，这些都是对我们的警示。

现代技术作为一种解蔽方式，已经渗透到人、自然和社会的方方面面。随着社会的发展和科学技术的进步，其解蔽的视野朝着微观和宇观两个方向不断延伸，小到夸克，大到宇宙，都无可避免地成为现代技术解蔽的领域。问题在于：一方面，现代技术在促逼的意义上解蔽事物的时候，也驱逐了其他解蔽形式的可能性，遮蔽了事物的本质，解蔽的遮蔽性隐含着不可预知的危险，这种危险就像一个隐藏在黑暗中的野兽，伺机而动；另一方面，现代技术在解蔽自然的同时，也在构建我们的生活世界，塑造我们的思维方式和行动方式。现代技术趋向微观和宇观的解蔽超出了人类的经验，其所呈现出的物质和构造的生活世界超越了人的感知，迷惑了人的认识，我们无法认识现代技术的本质，也无法体味现代技术的本真存在，这都为我们的生活世界埋下了隐患。这既是技术解蔽之命运，也是技术解蔽之危险。我们需要对现代技术的本质抱有清醒的认识，并时刻反思现代技术所带来的种种伦理问题，促进技术与人、自然和社会的和谐发展。

2.1.2 现代技术伦理的概念

要深入理解现代技术伦理的概念，需要先对"伦理"概念有必要的了解。在中西方不同的文化渊源和历史背景中，"伦理"的内涵不尽相同。在西方文化传统中，"伦理（ethics）"一词源自希腊文"ethos"，本义是习俗、风俗或性情。就其本义而言，伦理有两层含义：一是社会的风俗习惯；二是个人的品格、气质。也就是说，"人类行为的是非善恶，主观的表现是内在的品质气质，客观的表现是外在的风俗习惯"[112]。在中国的文化传统中，"伦理"的含义涉及"伦"和"理"。"伦"本义为"关系"，指以血缘、宗法为核心的人伦关系；"理"本义为"治玉"，有条理、秩序之意，引申为约束人伦关系的原则、规范。就其本义而言，伦理的含义包含"人伦关系"与"人伦之理"两个层面，前者是一种客观伦理，后者是一种主观伦理[113]。虽然"伦理"的含义在中西方的背景中有不同的历史渊源和文化情境，但其基本旨向具有一致性，既包含人们对完善的客观秩序的需求，又体现人们对完善自身的追求，成为关乎是非善恶的道德准则。

在不同的时代，"伦理"都有其独特的内涵，并随着社会的发展不断更新。在现代社会，科学技术的发展与应用给社会带来许多传统伦理框架无法解决的伦理问题，因此，现代意义上的伦理不仅包括传统意义上对一般道德规范的反思，还逐渐扩展到人类实践的新领域，并不断深化和专业化[114]。现代技术伦理就是对现代技术实践过程所引发的伦理问题的道德反思，指现代技术全面深入社会，在很大程度上改变了原有的社会关系，并且围绕现代技术产生了新的人与人、人与社会、人与自然之间的利害关系，促使人们从权利、安全、责任、公平、公正、可持续性等方面重新考虑彼此关系的基本原则和行为规范，推动社会进步。现代技术伦理倡导伦理对于现代技术发展方向、路径和旨归的总体化干预，旨在在现代技术发展和人的伦理道德的时代性建构中寻求平衡点，在现代技术与伦理学之间、科学共同体与公众之间、人与自然之间、人与社会之间的对话与理解中建构具有普遍意义的价值规范。

现代技术伦理命题产生的原因主要是现代技术建构改变了人类的生存方式和生活方式，超越并挑战了传统的伦理规范。在技术与伦理的关联上，技术工具论认为，技术只是一种单纯的合目的手段或工具，与价值无涉，相关的价值只与技术的使用者有关。其典型代表雅斯贝尔斯就明确指出，"技术仅是一种手段，它本身并无善恶。一切取决于人从中造出些什么，它为什么目的而服务于人，人将其置于什么条件之下"[115]。按照这种观点，只要技术使用者的意图是好的，就不会出现负面的技术后果。诚然，人类对于技术的合理利用确实能够为社会增添财富、为人类带来幸福，不合理的滥用也确实会给人类带来不良后果甚至灾难。然而，现实情况却是，即使怀着善的目的而设计或研发的技术，也可能会导致预定目标之外的甚至恶的后果。比如，网络信息技术虽然增加了人类自由度，增强了人类幸福感，但同时也带来了额外的网络成瘾、隐私泄露等问题。技术的工具性界定随着现代技术的发展日渐式微。从根本上说，现代技术已然不是纯粹的工具或手段，而是置身于人对自然和社会的建构实践，成为"自然、世界和人的构造"[107]，具有伦理意蕴。因为"凡是使用一种新技术的地方，总是也构造出人与世界的新关系"[107]，新的关系的产生也促使着我们重新审视人与世界的关系中平等、公正、自由、友爱等基本准则和行为规范。也就是说，现代技术的进步可能带来一些传统伦理学无法解决的新问题，需要新的伦理思考，以生发出新的伦理规制，引导科技向善。

其次，现代技术系统的复杂性改变了技术活动中行动者之间的关系，使技术活动中的伦理形态尤其是责任形态发生改变。以前，很多技术的研究与开发都是个人或少数人的行为，当技术应用出现负面或消极的后果时，责任的认定相对简单和明确。在现代社会，技术活动的建制化使得责任的认定变得相对困难和模糊。现代技术的研发鲜有个人的行为，而是科学共同体集体智慧的结晶，需要各学科、各行业、各领域的人员在复杂的大系统中相互配合、协同工作。而科学共同体中集体的角色责任往往成为科学家或技术人员逃避公共责任的借口，正如美国技术哲学家卡尔·米切姆所提出的问题："当科学家集体和其他社会集体共同实施某种行为时，我们该如何应对责任问题？"[116] 换句话说，当技术活动过程中的"个体责任"转变为科学共同体成员的"共同责任"时，我们该如何界定责任？此外，现代技术的高度专业化分工对责任的稀释最终会导致责任缺位。现代技术是一个高度分工的复杂系统，在这一系统中，技术设计者、技术生产者、技术管理者、技术使用者等的职能是完全分开且相互独立的。这种高度细化的专业分工将技术活动中的行动者固定在其社会关系网络中的某一节点或环节上，负责某一部分或环节的行动者可能只关注自己所属的领域，而对整个技术的最终应用缺乏关心。比如在技术决策过程中，技术管理者可能会较多地考虑与组织的经济利益相关的因素，而将技术应用后所涉及的公众健康、安全和幸福等要求放在次要的位置。即使有些人能够意识到潜在的技术后果的可能性，也会以"那不是我的领域"为借口而不主动递交意见，进而导致责任缺位。汤姆·福雷斯特曾这样描述计算机伦理中的责任缺位问题："当一个系统因为程序的一个差错发生故障或者完全瘫痪，谁来负责？——是最初的程序员、系统设计者、软件供应商，还是别的什么人？"[117] 如果无人承担责任，那么伦理责任也就失去了它的对象。

最后，直观经验的局限性和无效性遮蔽了人们对现代技术风险的判断与认知，使人们"先在"的伦理判断和价值取向丧失了有效性。直观经验的局限性指的是直观经验作为一种非定量的思维模式，往往受限于个体感官能力和常识，难以精确地辨析技术系统的细节和复杂特征，一旦具体的技术情境和个体既有的技术经验之间出现偏差，如果仍从既有的伦理判断出发进行活动，就可能会导致预料之外或不可预见的后果的发生。直观经验的无效性指的是现代技术对世界的构造使我们对世界的感知方式从具体经验感知转变为终端感知，使我们对社会生活的经验丧失了有效性。在传统技术条件下，我们通过自身的经历或经验感知世界，并根据这些经验进行伦理选择或价值判断。而现代技术所构造的世界使我们不用亲自体验所有具体的技术过程，我们体验的是一个结果的世界，我们对现实世界的感知是一种"终端"感知，现代技术使物质自身的真实性以及技术背后的原因遮蔽起来。比如，转基因产品和非转基因产品、添加了"瘦肉精"的猪肉和普通猪肉在外观上并没有明显的不同，由技术塑造出的这些产品模糊甚至混淆了我们的视觉经验，遮蔽了物质的真实存在和技术背后的原因，影响了我们的伦理判断和认知。如果我们从既有的关于食品安全的认知出发使用这些产品，可能会导致严重的社会后果。

现代技术作为推动现代人类社会发展的强大力量，扩展了人类行动的可能性，提高了人的活动的自由度。然而，技术风险也接踵而至，并引发了一系列的社会问题，但这些问题并不是技术本身能够解决的，除了法律等硬性的规章制度外，还需要伦理等弹性规范对现代技术进行干预。正如汉斯·约纳斯所说，"为了人类的自律、尊严，为了我们自己能够支配我们自己，而不要让机器支配我们，我们必须采取非技术的方式控制现代技术的飞速发展"[93]，让技术的目光从对"普遍规律"的追寻转向对人自身生存境遇的关切。因此，需要从现代技术自身的特性出发，在解码现代技术自身伦理意蕴的基础上，考虑技术过程的动态性、涉及领域的复杂性以及技术后果的不确定性，并探讨"该语境下产生的伦理问题"[118]，引导技术实践与伦理规约协同发展。也就是说，现代技术伦理不是挥舞着伦理的大棒粗暴干预现代技术创新原则的实践，也不是在科学技术发展的文明大视域中，通过宏大叙事的方式将科技冠之以人类普遍技术福利的"大善"，而是人的伦理精神通过对具体技术实践的融合，在现代社会关系中审思技术，考察技术设计原则中的平等、安全等伦理问题，技术具体实践中的可持续问题，以及技术成果普遍化中的公平、正义问题等。简言之，现代技术伦理要深入关切人和生活世界，就应该更加积极地参与技术实践活动过程，探索技术可行性与可接受的边界，构建一种具有整体性、内生性和前瞻性的现代技术伦理理论。

2.2　现代技术伦理的诠释学诉求

诠释学的出场不是外部强加的，而是现代技术伦理发展的客观要求，源自现代技术伦理问题影响着我们在生活世界中的判断与认知。现代技术的超验性和不确定性，使得外在主义进路的伦理规约在现代技术伦理问题面前显得捉襟见肘。此外，经济的全球化和文化的多元化在促进现代技术伦理研究领域多元化的同时，使得伦理考量的价值冲突日益激烈。此外，现代技术伦理研究方式的跨学科化也使现代技术伦理面临着实践有效性不高的风险，对这些问题的认知和把握涉及诠释学的理解、解释和应用的问题。从诠释学的理论出发对现代技术伦理问题进行分析，是为了超越外在主义的困境，消弭伦理考量的价值冲突，增强技术伦理的实践有效性，实现现代技术伦理与生活世界的紧密接轨。

2.2.1　超越外在主义的困境

从本质上看，无论古代还是现代，人类所面临的伦理问题都没有质的差别，都是由于人类不断增长的能力而引发的人与人之间、人与社会之间、人与自然环境之间的相互利害关系，以及应当如何权衡彼此利害关系的问题。现代技术伦理之所以能凸显为一个显性问题，其原因在于：一方面，现代技术的飞速发展使得新的伦理问题的增长速度远远大于人们反思和解决问题的速度；另一方面，现代技术是与人类的整体命运联系在一起的，尤其是纳米技术、生物技术、信息技术和基因编辑技术等新技术，其创新速度之快、渗透领域之广、影响范围之大，是以往任何技术都无法比拟的。现代技术的不确定性、不可逆性和伦理滞后性使得侧重于从技术产生的负面后果出发，奠基于传统伦理学的理论、框架和原理，试图运用伦理原则和道德规范对技术进行伦理反思和批判的"外在主义"进路面临诸多困境。

第一，现代技术的不确定性，使得追求明示的外在主义路径伦理陷入无力回应技术风险的困境。与古代的"偶然技术""工匠技术"及传统的技术系统相比，现代技术的风险具有明显的不确定性。古代的"偶然技术""工匠技术"能够明确地辨别出主客体及其关联，传统的技术系统能够在主客体分离的过程中意识到组织结构和行为结果的变化，能够预测它们可能带来的技术风险，并据此制定明确的伦理规范加以规避。而现代技术更多地以一种新型技术系统的形式呈现出来，其发展轨迹具有不可预测性，更加难以被支配和掌控。因此，无法预知现代技术应用中可能出现的新情况以及可能产生的后果，使得追求明示的伦理原则暴露出理论局限。转基因技术的发展给人类带来了巨大的经济效益和社会效益，但转基因产品新引入的蛋白可能具有毒性或者致敏性，转基因作物里面的抗生素标记基因可能会导致抗生素治疗失效。面对这种情况，我们无法采用目前所掌握的伦理原则和价值体系对其进行衡量和评判。计算机与网络技术的发展改变了人类传统的生活实践和社会交往方式，但在其发展和应用的过程中，产生了诸如黑客、计算机犯罪、网络成瘾、隐私泄露等一系列新的社会伦理问题，运用以已有的"可靠"的共同经验为基础的伦理原则或道德规范处理这样一类问题，将无法给出明确的答案。

第二，现代技术的不可逆性，使得仅考虑非累积行为的传统伦理陷入无力回应技术累积性后果的困境。现代技术的不可逆性主要表现为对事物本有结构的改变是不可逆的。现代技术每向前跨出一步都是无法收回的，且其累积而成的效果可能会延伸至未来无数后代。譬如，当人们正沉浸在纳米技术给生活带来的便利和益处时，已经有研究人员找到纳米微粒可能给人和生物造成毒副作用的证据。有研究表明，纳米颗粒进入人体会给人的健康带来严重的威胁，比如停留在人肺部的石棉纤维会导致肺部纤维化。美国化学学会的一份研究报告指出，碳纳米粒子（C60）会对鱼的大脑产生大范围的破坏[119]，但目前研究人员还不知道如何将纳米材料从人和生物体中清除，也不知道它们会不会在人和生物体中降解。纳米技术与生物技术共同制造的纳米机器人可能面临着失控的风险，正如美国计算机领域著名工程师、太阳微型系统公司创建者和科技总监比尔·乔伊（Bill Joy）在"为什么未来不需要我们"一文中所担忧的那样，"在基因工程、纳米技术和机器人（GNR）中的毁灭性的自我复制威力极有可能使我们人类发展戛然而止"[120]。除纳米技术之外，目前炙手可热的基因技术、合成生物技术等对人与自然事物本有结构不可逆转的改变，都可能会给整个生态系统乃至人类的生存带来潜在的威胁。比如，通过转基因技术培育的抗除草剂的农作物的种植不仅导致除草剂的使用量大幅增加，还导致耐除草剂的杂草大量增加。面对这样一些技术风险，已有的技术伦理规则无法回答和应对，需要诠释学视角下的技术伦理出场，从人与技术融合共生的实践智慧角度做出回应。

第三，现代技术的伦理滞后性，使得伦理原则和道德规范难以跟上新的伦理问题产生的速度。相较于传统技术，现代技术已然不是某种单纯的目的性工具，而是向人们提供了一系列"潜在的可能性"[121]，这一点也造成了技术应用在影响上的开放性。如果说伦理原则意在预防和避免某些技术后果出现，而现代技术的后果难以被预测和控制，那么，就会导致既有的伦理规约难以及时发挥作用。近年来，人工智能技术正在不断使个人世界和物理世界的界限变得模糊，刷新着人的认知和社会关系，人类现有的伦理知识体系难以应对人工智能技术飞速发展带来的影响。比如，随着人工智能在社会层面的广泛应用，它在某种程度上改变了人类原有的生存环境，塑造了人的行为方式，但同时也挑战着传统的隐私、责任、安全、主体等概念。传统的隐私是一种关于权利的概念，而在人工智能时代，隐私具有了一定的商品属性，人们可以根据个人需要让渡部分隐私或信息以换取相关服务和产品。关于"责任"概念，比较典型的例子是自动驾驶系统的责任认定问题，目前这方面法律和道德规则的制定常常会陷入两难的困境，责任主体不够明确，其带来的伦理难题尚需学理上的讨论。此外，现代技术的高度专业化也使得伦理反思相对滞后，一些技术工作者可能在没有充分进行相应伦理思考的情况下迅速推进研发工作，可能引发严重的社会后果。2012年，英国《自然》杂志刊登了美国威斯康星大学麦迪逊分校病毒学教授河冈义裕一篇有关致命性禽流感病毒变异研究的论文，引发了巨大争议。[122] 禽流感病毒（H5N1）是一种对人类生命健康有致命威胁的病毒，感染途径是人类与鸟类密切接触。目前为止，天然形成的禽流感病毒并不能实现人际传播，河冈义裕和荷兰伊拉斯谟医学中心的罗恩·富希耶通过对 H5N1 型病毒基因的改造，能够使这种病毒在白鼬之间传播，白鼬作为最理想的实验对象，可用于揭示一种病毒能否实现人际传播。消息一出，生物安全专家担心经人类改造的禽流感病毒可能被恐怖分子或者其他反人类分子利用，进而引发灾难性后果。那么，是否应该对禽流感病毒的变异、改造进行更多的审查，保护公众免于遭受具有潜在的或更具传染性的流感大规模扩散的侵害，这是一个处于争议中的伦理问题。面对这样一些科技前沿成果所引发的科学伦理问题，既有的伦理原则和规范不能对其做出合理的阐释。

总之，现代技术并不是单纯的合目的的手段，其本身就蕴含着伦理意涵，其发展速度和自身特点使得伦理判断变得异常困难。正如汉斯·约纳斯所言，"并非只有当技术被恶意地滥用，即滥用于恶的意图时，即便当它被善意地用于其本来的和最合法的目的时，技术仍有其危险的、能够起长期决定作用的一面"[93]。在哲学诠释学看来，伦理理解作为人的存在方式，是历史和现代的汇合或沟通，是以"前理解"为出发点对当前的可能性进行未来的筹划。既有的伦理原则和道德规范是我们关于伦理论证的"前理解"，但这种理解并不是僵化的、不可改变的。我们可以在现实的技术境遇中对其进行反思，并结合具体的技术实践进行创造性的塑造或转化。也就是说，在充分把握道德现象的基础上，从技术自身的特性出发，考虑技术的动态过程，将"前在"的伦理原则与道德规范置于技术实践的具体语境之中，并对伦理问题进行阐释和反思，进而获得有关伦理原则和道德规范的新的理解，以超越现代技术的外在主义困境，进而更好地把握现代技术伦理的实质。

2.2.2　消弭伦理考量的价值冲突

如前所述，现代技术并非一种单纯的合目的的手段，而是已经渗透到人、自然与社会的构建之中，与价值紧密相连，蕴含着人的价值认知和价值判断。因此，技术过程"是技术的社会价值以及技术设计者、技术使用者的价值利益需求得到满足的过程"[123]。价值作为我们从事技术活动时所依据的规则或行为指南，与价值主体的历史背景密切相关。鉴于价值主体间文化传统、物质条件和自身经历等多样性存在，产生价值差异在所难免。价值冲突就是异质性价值间的碰撞与对抗。在技术实践领域，伦理考量的价值冲突一方面表现为不同的价值体系、观念之间的碰撞，另一方面表现为同一价值体系内部的不同方面相互矛盾的状态。

在对现代技术进行伦理考量时，不同价值体系、观念之间的冲突涉及技术活动过程中的价值相关者在具体的技术境遇中关于价值认知、价值判断和价值选择等方面的对立与碰撞。随着经济全球化的发展，这种价值冲突明显地体现在不同民族、国家和地区之间关于技术价值认知的冲突。历史地看，不同民族、国家和地区之间在价值认知上的差异自古有之，但因彼此间相对封闭、缺乏交流，价值冲突处于比较边缘的位置。伴随着全球化的进程，世界文化体系中的各种文明空前开放，价值认知上的差异使得价值冲突逐渐从边缘走向中心，逐渐成为技术发展过程中不同民族、国家和地区进行伦理考量的显性因素。比如，在关于基因技术及其应用领域的争论中，不同国家所持的立场和态度往往有巨大差别。转基因产品标识政策是规范转基因产品安全的重要举措，但是不同国家和地区之间的态度各有差异。美国和中国香港地区对转基因产品采取自愿标识政策，而欧盟、中国内地和日本则采用强制标识政策。[124] 不只是不同国家和地区对转基因食品安全的态度不同，同一国家内部的不同主体的价值选择也千差万别。这些问题产生的关键原因在于，在价值多元化的社会，不同的价值取向同等重要但互不相容，在理论层面上确定先后优劣异常困难。换句话说，在一对地位等同却相互矛盾的价值间达成共识是一个十分艰难的过程。

同一价值体系的不同方面也存在矛盾和冲突，涉及的是技术活动过程中同一价值体系内由于价值位阶的不确定和价值风险的可能性而产生的矛盾状态，强调的是同一价值体系内价值关系的矛盾、冲突。我们的行为包含有一定的价值意向，但技术行为所依据的价值标准内部无法避免价值冲突的情况发生。现代技术是一个复杂系统，复杂的技术活动中会出现互不相容的价值标准同时起作用的情况。比如，就汽车制造的安全标准而言，要提高汽车的安全系数，就要尽可能提高汽车操作的自动化程度，而自动化程度的提高会使司机丧失对汽车操作的灵活性和敏感性，操作能力的降低反而有增加安全隐患的风险。再以便携式电子产品为例，以手机为代表的便携式产品在人们的日常生活中占据着越来越重要的地位，便携式消费类电子产品正逐渐取代传统的电子产品，成为人们消费的首选。随着电子产品模块化进程的推进、市场需求的增多以及市场竞争的激烈，实现不同应用功能的模块化产品如井喷般蓬勃发展起来，使得便携式产品在设计过程中面临越来越多的矛盾，譬如性能与功耗之间、功能与体积之间、功能与价格之间的矛盾。智能手机集多媒体、GPS 导航、购物、娱乐、商务等多种功能于一身，但智能手机在提高性能的同时，由功耗带来的发热和续航问题也令人困扰。不论汽车安全系数与自动化的冲突也好，便携式产品的功能与能耗的对抗也罢，都属于同一价值体系内部的价值冲突，而如何将这些看似"鱼与熊掌不可兼得"的矛盾进行系统整合并寻找到一个合适的平衡点，是现代技术在其创新和发展过程中无法回避的问题，需要视域融合的现代技术伦理的介入，才能使相互矛盾的价值对抗得以缓解或者找到平衡点。

　　显然，现代技术的实践过程中（包括技术的设计、开发、生产、应用和处理等环节）存在着异质性价值标准间的对抗，以及同一价值内部不同方面的矛盾。如何使异质性的价值因子在本土化的过程中具有现实性，如何使伦理在与经济、政治等价值形式的冲突中确证自己的价值合理性，如何整合技术发展中互相矛盾的价值因素，关涉的是诠释学意义上的视域融合问题。我们所置身的文化和传统的历史性与流动性，以及我们个体生活背景的差异性，都决定了我们具有彼此相异的独特视域。科学共同体各成员不同的价值取向决定了他们有着各自不同的视域。视域融合是"将原有的视域同新的视域融合在一起，这里新的视域可能是引入的前人的视域，也可能是同时代他人的视域"[125]。因此，视域融合也是一种彼此视域向对方不断扩大且无限推移的过程。在这个意义上，视域融合能够使异质性的价值因子通过创造性转化获得现实性，伦理的价值合理性确证存在于伦理与经济、政治等价值形式的融合与互动之中，而在同一价值体系内部对矛盾平衡点的寻求也是一个根据技术实践的具体境遇不断更新的视域融合过程。

2.2.3 增强技术伦理的实践有效性

现代技术不是单纯为了满足人类某种目的的工具，而是人类社会的一种集体活动。一方面，现代技术的研究与发展需要各学科、各行业、各领域的人员在复杂的大系统中相互配合、协同工作；另一方面，随着技术活动的建制化和全球化，现代技术及其成果投入运用的速度越来越快，技术产品遍布全球并渗透到人类生活的方方面面。在某种意义上，现代社会的技术实践活动可以说是人类社会的集体冒险，在全球化时代将整个人类拖入了一场规模庞大、影响深远的社会实验。科学研究和技术创新所累积的效果可能会延伸到无数后代，而效果的善恶已经不是某个科学家、某个科学分支或某个国家所能单独回答或解决的。如何应对新兴技术可能带来的风险，已经不仅是科学家、技术专家和工程师们的使命，而且需要包括伦理学者在内的社会各界的广泛参与。技术实践过程中的现实情况是，伦理学家与技术活动的其他共同体成员尤其是科学技术人员之间缺乏有效的理解和沟通，使得技术伦理缺乏实践有效性，即技术伦理在技术实践中的有效度不高或效果不佳。其原因在于，对于伦理学家而言，他们对于技术伦理的研究进路、研究方式等使技术伦理缺乏实践渠道；对于技术活动的主要参与者——科学技术人员——而言，其伦理意识相对薄弱，导致技术伦理的接受度和认可度不高。

在很长一段时间内，包括伦理学家在内的人文学者对技术的关注度不高。原因在于：一方面，伦理学一直被认为是与人类的道德相关的人文科学；另一方面，关于技术是否具有道德含义、能否成为伦理学反思的课题等问题，在很长时间里尚没有定论。随着技术对人类社会的影响日益加深，人们开始将其看作伦理反思的命题。但伦理学家对技术进行的伦理反思是以被动的方式出场的，侧重于从技术实践的负面后果和不良社会影响出发对技术进行反思和批判，是一种"外在主义"的研究进路。这种研究进路过于关注技术的负面后果，忽视了技术所蕴含的正面价值，以至于伦理学家被批评者冠以"反技术主义"的称号，认为他们把可能性极小的风险以及道德顾虑扩大化，以至于危害到技术的进步和对技术进步的接受度。而从技术的负面后果出发对技术进行伦理反思的方式，使伦理学家扮演着"事后诸葛亮"的角色，技术伦理也因此被认为是一种对已然产生的危害进行修补的"马后炮"式的伦理学，无法兑现人们对于技术发展方向的期待。此外，以技术后果的不确定性作为论题，有使伦理学家陷入空洞臆想的危险，更不用说在技术实践中发挥效力了。在研究方式上，伦理学家对现代技术伦理问题的研究有"学科化"的倾向，使其在脱离技术实践的道路上渐行渐远。如果说哲学反思在苏格拉底时代还是社会生活的组成部分，那么，如今的哲学则变成哲学家的内部游戏，"哲学家的角色不是可应对各种生活问题的多面手，而变成了一般学科结构的一部分"[126]。在这种学科化的哲学里，伦理学家逐渐放弃了自身的公共角色，转而躲进"书斋"寻求"为哲学而哲学"的思辨研究。这种研究方式也使得在伦理学家从事哲学研究工作时，"普通公众很少进入他们的考虑范围，其研究成果通常以发表在专业的同行评议期刊为目标"[127]，结果就是他们的研究成果往往局限在一个狭小的圈子里，难以发挥具有影响力的社会效果。

如果说伦理学家研究模式的弊端阻碍了实践有效性的"输出端"，那么科学技术人员伦理意识相对薄弱则是"输入端"的屏障。从根本上说，科学技术人员伦理意识相对薄弱的根源在于技术价值中立思想的影响。技术价值中立论认为，技术只是实现某种目的的一个中性的手段，仅仅具有工具的特性，至多在技术的使用中才会有道德的问题。因此，相关的价值是在使用中产生的，而不是在于技术本身。也就是说，技术的负面影响是使用者造成的，而不是技术产品或设计制造者本身造成。技术价值中立的思想"使科技工作者误认为科学技术研究是无禁区的，伦理道德因素不应该插手科学技术的事物，它只能给科技发展带来束缚"[128]，进而拒绝伦理对技术实践的介入，使技术伦理无法发挥实践有效性。此外，技术系统的评估方法通常为成本—效益分析，这种方法"容易以金钱为评估标准，而忽略难以代表或转化为货币条款的道德价值或使道德价值大打折扣"[129]。再者，现代社会的科学技术活动已然不是某个科学家或技术专家的独立的个人行为，而是一个参与性更强的整体性活动。科研工作者为了达到某个共同的目标组成科学共同体，按照整体的目标分门别类地开展科学技术活动。在这样一个共同体中，日益加强的专业化和劳动分工使得科学技术人员容易忽视自己工作的力量及影响，"把自己仅仅视为机器上的一个齿轮而不是负责任的决策者"[130]。责任的概念在一个高度分工的系统里几乎没有用武之地，相反，到处充斥着一种"有组织的无责任感"。如果无人"承担责任"，那么伦理责任也就失去了它的对象。进而言之，如果伦理在技术实践中没有被广泛接受的土壤，那么实践有效性将如何发生？

现代技术伦理的实践有效性关涉的是多元主体间的理解与沟通。

如何理解多元主体间存在的差异并促进其有效互动，进而增强现代技术伦理的实践有效性，使伦理理论在技术实践中实现有效的良性运转，就涉及诠释学对话。正如伽达默尔所言，"成功的谈话中谈话伙伴都处于事物的真理之下，从而彼此结合成一个新的共同体"[131]。这意味着一场真正的对话包括三层含义：其一，对话参与者所关注的主题具有一致性，这样才能使对话避免主观任意性而具有客观意义；其二，对话参与者具有同等的发言权，即承认对立意见的合法性，使对话成为一种平等的交流；其三，对话结构具有开放性，这种开放性不仅意味着对他者开放，还意味着对历史开放，也就是使历史进入现代，与现代一起构成新的视域并指向未来。可见，对话中的相互理解"不是某种单纯的自我表现和自己观点的贯彻执行，而是一种使我们进入那种使我们自身也有所改变的公共性中的转换"[131]。因此，诠释学对话为技术实践中多元主体间的对话或沟通提供了有效的方法和途径，有助于搭建健康、理性的对话平台，进而增强现代技术伦理的实践有效性。

2.3　诠释学阐释现代技术伦理的理论基础

技术哲学的经验转向，诠释学与伦理学和技术伦理的内在贯通，以及作为实践哲学的诠释学，是诠释学阐释现代技术伦理问题的理论基础。技术哲学的经验转向打开了技术的"黑箱"，揭示了技术人工物在人的知觉、行为和社会文化建构等方面能动的"居间调节"作用，为准确而有效地诠释现代技术伦理问题产生和发展的机理提供了现实基础。诠释学与伦理学和技术伦理的内在贯通基于它们都分有实践理性的特性，为从诠释学视角阐释现代技术伦理问题提供理论基点。作为实践哲学的诠释学以实践智慧为核心，致力于人的善、现实实践以及世界经验，为现代技术伦理从理论阐释走向生活实践提供了新的启示和思想资源。

2.3.1 技术哲学的经验转向

20世纪80、90年代，技术哲学开启了一场以"打开技术黑箱"为指向的"技术哲学的经验转向"（empirical turn）运动，强调"关于技术的哲学分析应该立足于可靠的、充分的关于技术的经验描述"[132]，关注具体的实践行为和技术人工物，致力于发展一种非决定论的、情景化的或建构论的技术观。这种技术观聚焦于具体的技术和问题，关注技术在人与生活世界之间的"居间调节"作用，而这一点是传统的技术哲学家所忽视的。只有理解了技术是如何"调节"人及其生存的环境，才能准确而有效地阐释技术伦理问题产生和发展的机理。

经典技术哲学因其对技术的悲观态度、宿命论立场和抽象的研究路径而备受批评，它只关注技术的负面后果而忽视技术的正面效应，坚持技术决定论而忽视技术的偶然性和社会建构性，只讨论宏观和抽象的技术而忽视具体的技术实践、技术或技术过程。这种研究路径被认为是"不懂技术且憎恨技术的"[133]，且很难为技术未来的发展和使用提供建设性的建议和空间。追随这些批评，20世纪80、90年代，技术哲学界开始对经典技术哲学研究路径的内在缺陷进行必要的反思，研究不受传统路径困扰的替代性路径。该行动产生了两种截然不同的路径，即"面向社会"（society-oriented）的路径和"面向工程"（engineering-oriented）的路径[134]，以上两种路径都被描述为"技术哲学的经验转向"。"面向社会"的经验转向倾向于关注具体的技术和问题，借鉴了实用主义、后结构主义、STS研究和文化研究等理论传统，试图建构出一种情景化的、动态化的、非决定论的或弱决定论的、具有可描述性的、技术中立的技术哲学理论。代表人物有安德鲁·芬伯格（Andrew Feenberg）、劳瑞·希克曼（Larry Hickman）、安德鲁·莱特（Andrew Light）、唐·伊德（Don lhde）、唐娜·哈拉维（Donna Haraway）、休伯特·德雷福斯（Hubert Dreyfus）、阿尔伯特·鲍尔格曼（Albert Borgmann）和布鲁诺·拉图尔（Bruno Latour）等。"面向工程"的经验转向侧重于理解和评估工程内部的实践和产品，而不是工程对社会和人类的外部影响，认为技术哲学的研究重在描述技术自身和技术内部的工作方式，而非评估技术的外部后果。代表人物有安东尼·梅耶斯（Anthonie Meijers）、约瑟夫·皮特（Joseph Pitt）、彼得·克洛斯（Peter Kroes）等。这两种路径都是对经典技术哲学研究路径固有缺陷的批判性回应，注重对具体技术的经验性描述而非抽象性分析和规范性评价，关注具体的实践、技术和人工物。通过经验转向，技术哲学回应了经典技术哲学的内在缺陷，实现了从抽象到具体、从决定到建构、从悲观到中立等的转变，为技术哲学的研究开辟了新的局面。

经典技术哲学关注抽象的技术，倾向于从技术的外部批判技术，即倾向于关注技术的社会后果，技术仅仅是体现其解决某个问题或满足某种需要的功能性工具，因此，能否实现技术设计的预期目标成为技术的主要评价标准。传统技术伦理只是从技术的外部利用伦理原则或规范对技术设计目标或运行后果进行伦理评价的规范伦理，这种规范伦理在现代社会具体的技术实践中或多或少地遇到了困境。如何在新的历史语境下超越传统技术伦理的外在主义路径，从技术的内部出发重新审视技术本身，考虑技术设计过程的动态性和技术运行后果的不确定性，探讨该语境下产生的伦理问题，进而建构出一种适应当代技术发展的现代技术伦理，是需要认真思考的问题。经过经验转向，哲学家开始关注具体的实践、技术和技术物。尤其是"现象学—诠释学"进路的技术哲学家，开始关注具体的经验技术和生活世界的内在关系。技术不再被看作仅具有功能性的中性物，更是调节人与生活世界之间关系的中介。我们生活在技术文化之中，技术在人与生活世界之间具有"居间调节"的解释作用，它在使用过程中影响着人们的经验和实践，进而影响着人们的伦理行为和决策。这一点对于理解现代技术及其内在机理，构建内在主义进路的现代技术伦理具有重要意义。在这一方面，作为"经验转向"的代表，伊德、鲍尔格曼和拉图尔等哲学家关于"'物'的现象学"对技术的现象学诠释，揭示了技术以不同的方式对人与世界关系的调节、技术人工物对行动者行为决策的塑造，以及技术人工物对社会群体文化与制度的影响，为我们阐释和理解技术的中介作用提供了重要的理论基础。

秉承技术哲学的"经验转向"，美国技术哲学家伊德从对技术怀旧伤感这一抽象的宏大叙事转入具体的微观分析，从对技术社会后果的关注转入从经验和实践层面分析技术与人和世界的关系。他通过分析身体与技术发生关系的方式，即"'作为身体的我'借助技术手段与环境相互作用的各种方式"[106]，揭示出技术作为知觉的中介在人与世界关系中的"居间调节"作用，主要表现为技术在转化人对世界的知觉经验方面的放大与缩小、解蔽与遮蔽的效果。技术通过对人类知觉的转化，使世界的某些方面被放大或解蔽，其他方面则被相应地缩小或遮蔽。比如，借助天文望远镜的转化能力，我们可以看到月球表面的山脉和撞击坑，而月球自身所处的广袤的宇宙背景则被过滤掉。技术对知觉经验的转化能力说明技术在我们认识世界的过程中并不是单纯的、中立的工具，而是在人与世界之间起能动作用，是具有"技术意向性"（technological intentionality）的中介物。这种意向性并不是固定不变的，而是在不同的语境之下会发生相应的变化。因此，在具有意向性的技术中介的"居间调节"下，技术将在宇观和微观层面超越人类经验的东西纳入我们的知觉范围，世界也因此展现出更多丰富的表象。

不同于伊德所关注的技术作为知觉的中介对人与世界关系的调节，法国哲学家拉图尔的"行动者网络理论"则侧重于强调技术作为行为的中介对人的行为和生活方式的塑造。拉图尔认为，人的行为绝不仅仅是体现个体意向性的自由选择和社会结构的规律发生作用的共同结果，也是人类物质环境（即技术人工物）影响的结果。[135] 拉图尔用"脚本"（script）一词来描述技术人工物对人行为方式的多维影响，就像电影或者戏剧中的脚本能够规定着演员的具体行为一样，表征人类物质环境的技术人工物也规定着技术使用者的实践方式，包括做什么以及如何做等。比如，减速带的脚本是"请减速"，信号灯的脚本是"红灯停，绿灯行"。减速带、信号灯和使用者共同构成拉图尔所谓的行动者网络。在这一网络中，人和物都是行动者，二者的地位是对称的，在某一具体的技术行为中共同构成一个复合的行动者。因此，在"技术—社会"网络中，技术人工物并不是一个为实现某种功能的中立的参与者，而是一个具有能动性的行动者，它们在塑造人类行为的同时，也影响着人类行动者的行为决策。

如果说伊德和拉图尔都是在微观的层面考察技术的中介作用，那么美国技术哲学家鲍尔格曼则是从宏观上思考技术对人的存在的塑造，关注技术人工物对社会文化和制度的影响。鲍尔格曼关于"物""设备""焦点物"的分析，揭示了技术人工物在前现代、现代和后现代社会对人的实践的塑造和生存方式的影响。鲍尔格曼将前现代技术的主要形式称作"物"，在他看来，"物"无法脱离自身所处的世界境遇，它也凝结着我们与世界的交往方式。[136] "物"是生活世界的"会聚"与"展示"，塑造着人的存在方式，影响着人类文化与制度的构成。比如，火炉不仅仅是用来取暖的工具，还是会聚我们身体参与和编织家庭关系的焦点。到了现代社会，"物"则沦为仅提供"可用性"的"设备"，丧失了自身的深刻性和完整性。"设备"在卸除人的负担的同时，也接管了人对生活世界的参与，缩减了人之为人的丰富性，比如中央供暖设备变成仅提供暖气的商品，人与世界的关系由生动的"参与"降格为单纯的"消费"。为了克服"设备范式"的弊端，鲍尔格曼提出围绕"焦点物"进行"焦点实践"的思想。"焦点物"为我们的生活世界提供了一个稳定的中心，使我们的身心都参与到生活实践中来[137]，进而影响并构建生活世界。

经过"技术哲学的经验转向"，哲学家们从对技术宏观的、抽象的、决定论的以及悲观主义的描述中摆脱出来，转而打开技术的"黑箱"，从技术的内部关注具体的技术、实践和人工物。尤其是"现象学—诠释学"进路的技术哲学家开始从现象学的视角诠释"人—技术—世界"的关系，并开启了一种关于"物"的现象学，揭示了技术在人和世界之间的中介作用。因此，从"物"的现象学视角来看，技术人工物就不能被理解为某种"由人制造并使用"、为满足某种需要或解决某种问题的、中性的"功能性"工具，而是在人的知觉、行为和社会文化建构等方面都具有能动的"居间调节"作用。只有理解了这一点，才能对现代技术实践中的伦理问题做出客观、准确和全面的分析和诠释，从而通过影响技术人工物的设计和使用过程，增强伦理观念对技术实践活动的有效影响，进而促进现代技术伦理的健康发展。

2.3.2　诠释学与伦理学和技术伦理的内在贯通

诠释学和伦理学并不是完全异质性的领域，二者之间具有互涉性和融贯性，体现着诠释学的伦理学维度和伦理学的诠释学维度。从本质上看，二者的内在贯通在于它们都分有实践理性的特性，强调普遍东西的具体化，即普遍性知识和具体的实践情境的结合，主张要根据具体的情况进行探索和总结，并以人类的善为最终目的。这一特性与现代技术的特点相契合，为从诠释学的视角分析现代技术伦理提供了可能。

纵观西方诠释学的发展历史可以看到，关于诠释学的伦理学维度的分析在近代普遍诠释学的开拓者施莱尔马赫那里就已见端倪。在施莱尔马赫看来，同情是一切理解的基础，而"最高的理解要求爱"，因此，"理解必然是伦理学的最高的形式"[32]。伽达默尔则将诠释学的伦理学维度阐释得更加彻底，使诠释学从作为抽象思辨的诠释学转向作为哲学理论和实践路向双重任务的诠释学。面对因当代科学技术的迅猛发展和全球经济一体化的进程加速而出现的诸多问题，尤其是人文精神在现代化进程中日渐式微的现状，伽达默尔提出重新恢复与纯粹的科学和技术相区别的古老的实践智慧（phronesis）或实践理性的主要权威，试图利用实践智慧来规避科技的盲目应用和技术理性的泛滥，以避免技术应用带来的负面的社会后果。这种以实践智慧为核心的诠释学强调具体境遇的优先性，它不像纯粹科学和技术那样把普遍化的观念应用于所有事物，而是在不同情境中根据具体事物的实际情况去探索、修正、补充和发展这一观念。此外，因为实践智慧总是与人类的善联系在一起，所以，诠释学的对象就不是单纯的客观事物，而是人类活动及其世界经验。它所研讨的问题"是规定所有人的知识和活动的问题，是对于人之为人以及'善'的选择最为至关重要的'最伟大的'问题"[138]。也就是说，诠释学所关心的不应只是关于理解和解释的理论，而首先应当是那些决定人类存在和活动的根本问题，是那些关于人的善的实际问题。诠释学关于理解和解释的思考，诸如解释的可能性、规则的运用、手段的选择等，都应该与人的现实实践相关。

伦理学是以人类道德生活为基本对象的人文科学，而人类道德活动本身就是内在地具有诠释性的活动。不同的行为主体在对某一道德价值进行道德选择的时候，首先要对其进行价值判断，而进行价值判断的先在条件是进行价值理解。理解是诠释学的主要内容和本质特征。通过价值理解，人们对既存的价值系统进行诠释和道德选择。在这个意义上，人对价值的创造和选择是以诠释学的理解为前提的。如果说伦理学和诠释学的内在关联是必然的，那么，将伦理学的诠释学维度明确提出来的是哲学诠释学的代表人物伽达默尔，他指出了"伦理学和实践理性的解释学之维"[139]。伽达默尔认为，对于伦理原则和规范的理解，需要在具体的情境之中结合自身的特殊情况进行阐释。在伽达默尔看来，人作为"在世之在"，并不是一种孤立的、旁白式的存在，也并不是处于情境的对立面。恰恰相反，人总是处于某种理解的境遇之中，而对于这种理解的境遇，人必须在某种历史的过程中结合具体事物的实际情况加以解释和修正。用他的话说，"理解乃是把某种普遍东西应用于某个个别具体情况的特殊事例"[138]，对普遍的事物进行具体化处理是一种实现普遍性与特殊性相结合的实践智慧。实践智慧是在具体生动的情境中以善为最高旨向的选择和权衡，而实践智慧的践行则是在具体情境中实现实践理性的善取向的行为。因此，具体情境具有优先性，普遍的伦理原则和规范只有在具体化的情境中才是有意义的。伽达默尔以此批评了"应当伦理学"（sollensethik）的抽象维度，认为"它忽视了这样一个解释学问题：唯有对总体的具体化才赋予所谓的应当以其确定的内容"[139]。

传统的技术伦理在某种程度上是一种"应当伦理学"，它侧重于从技术的后果来反思技术，企图运用技术的外部利用伦理原则来规范技术。这种外在进路将技术和伦理学置于互相平行的境地，伦理学沦为游离于技术之外的教条式的说教，缩减为运用伦理原则与规范解决技术问题的"技术"或"工具"。这种思路会使伦理原则和规范陷入教条主义的窠臼，成为解决伦理问题的原则和规范的"精致的"修辞学，不利于其随着技术实践的发展改变和丰富自身，从而遮蔽了自身包含的在具体情境中运用实践理性选择的以善为取向的行为的丰富意义，割裂了理论与现实、普遍与特殊之间的联系。而诠释学的伦理学（hermeneutical ethics）则将伦理学看作有关道德经验的诠释学，通过反思道德传统和道德现象所处历史文化背景，以丰富道德经验、增强"道德敏感性"（moral sensibility），即"意识到某一将要进行或正在进行的技术行为可能会直接或者间接地对他人的幸福产生影响"[140]，这实际上是一种对情境的领悟和解释能力。既有的伦理原则和规范及其所处的历史文化背景共同构成了有关伦理论证"理解的前结构"或"前理解"，诠释学进路的伦理学肯定了这些道德传统的积极意义。传统不是一种僵化的消极形式，而是道德经验和伦理意义的"生长域"和"过滤器"。通过对伦理原则和规范的前理解的反思，以及对道德现象所处历史文化背景的审视，能够使我们结合具体的道德实践情境，在充分把握道德现象的基础上，过滤掉不适合当下道德情境的原则或规范，生发出对有关伦理原则和规范的新的理解，进而对既有的伦理原则和规范进行修正、补充与发展。

一般而言，伦理学的义务论、后果论和美德论等作为前理解构成传统技术伦理进行伦理反思的思想资源，而传统技术伦理进路则侧重于将这些资源当作解决伦理问题的应用手段或工具。当直接运用这些思想资源和具体的技术情境发生冲突时，通常的做法是采用功利主义的手段，选择对技术行为而言最为重要、影响最小的策略。这种处理方式把需要运用实践理性进行伦理反思的道德现象降格为单纯的"应用技巧"，强调规则的普遍性和具体个别事物的单纯一致性，迫使既有的伦理原则和规范"精确地"规定所有特殊的情况。对于这一现象，伽达默尔给出了明确的解释和回答，他说，"我们的实践乃在于在共同的深思熟虑的抉择中确定共同的目标，在实践性反思中将我们在当前情境中当作什么具体化"[139]。因此，技术伦理需要关注道德现象的前理解，即既有的伦理原则和规范及其所处的历史文化背景的影响，结合具体的实际情况进行批判的理解。为技术伦理注入诠释学的血液，一方面有利于对既有的伦理资源进行修正、补充和发展，提高对伦理问题的解释力；另一方面，也有助于丰富技术主体的道德经验，增强其道德敏感性，提高其在具体的技术实践中解决问题的能力。

2.3.3　作为实践哲学的诠释学

诠释学在 20 世纪最重要的理论转向是作为实践哲学的诠释学，这种诠释学不是一种关于理解和解释的单纯的理论知识，或某种以修辞学的方式表现的技术技能，而是以亚里士多德的实践智慧为核心，致力于人的善、现实实践及其世界经验的实际学问，是一种兼具理论反思和实践导向双重任务的哲学，其关于解释的多维性展开以及对规则与手段的深入思考，都要直接服务于人们的现实实践。特别是面对现代技术的高速迭代以及具体技术实践过程中涌现的复杂伦理挑战，作为实践哲学的诠释学应当通过它的理解和解释，为现代技术伦理从理论阐释到现实实践的合理转化提供保障，召唤实践智慧为人类的行为实践做出理性导航，引导人们理智并负有责任地利用现代技术，构建以善为核心的现代技术伦理。

从早期的作为《圣经》注释理论的圣经诠释学，到作为理解和解释艺术的浪漫主义诠释学，再到作为人文科学普遍方法论的一般诠释学，它们关于理解与实践之间关系的处理模式大都属于自然主义认知模式，即把实践看成人们对理解的应用过程，理解和实践之间被认为是一种前后相继的历时性关系，即先有对文本的理解，后有对这种理解的实际应用，即实践。正如建造或制造过程那样，首先有设计蓝图和施工图，而后根据设计蓝图和施工图建造房屋或者制造轮船。这种认知模式源自西方哲学的知识论，在近代自然科学的繁荣和技术理性的扩张中得到有力的普及，逐渐成为一种普遍的理解模式。以这种认知模式建构的诠释学，注定会背离人文科学或精神科学的本质，因为"社会—历史的世界的经验是不能以自然科学的归纳程序而提升为科学的"[131]。与之相对，由伽达默尔开启的作为实践哲学的诠释学并不遵循这种认知模式，而试图以一种亚里士多德实践哲学的模式来重新解读理解与实践之间的关系问题。在这种模式下，精神科学领域中的理解乃是一种包含实践智慧的实践活动，理解和实践之间并不是简单的、历时性的递进关系，而是具有某种复杂的互涉性。实践并不是理解的后来跟进者，而是始终发生在理解之中，并从一开始便规定了理解活动的整个过程，是理解得以真正实现的基本条件和要求。换句话说，理解并不是对文本的纯客观性反思，而是与理解者密切相关的生存性活动，即"从一种特殊的使他与其他人联系在一起的隶属关系去一起思考，好像他与那人休戚相关"[131]。

从本质上看，理解活动实际上是一个把文本的普遍性具体化于理解者自己所处的具体的诠释学境况之中的过程。正如伽达默尔所言，"理解乃是把某种普遍的东西应用于某个个别的具体情况的特殊事例"[131]。而将普遍的东西具体化乃是一种使普遍性与特殊性相融合的实践智慧，也是促成理论阐释向现实实践进行合理转化的关键。如果说自然主义认知模式下的实践体现的是理论的普遍性和具体个别事物的单纯一致性，原先的方法和原则精确地规定了特殊情况下的任何事情，那么，实践智慧的践行关注的则是规则的普遍性和具体个别事物的"对峙"，需要我们根据具体情况去修正、补充和发展一般原则。

因此，从作为实践哲学的诠释学的视野来看，从理论阐释到现实实践并不是一个运用归纳法或演绎法来把握事物本质或规律的过程，而是一个人的理解在实践中逐步展开的过程。在这一过程中，人以理解者和践行者的双重身份，从自身所处的具体情境出发，根据实践中的具体问题展开对理论或原则的理解，使理论或原则的意义在理解者的语境中具体化，并在具体化的过程中修正、补充既有的理论或原则，形成新生的意义。就像亚里士多德所指出的，"一个医生甚至不抽象地研究健康。他研究的是人的健康，更恰当地说，是一个具体的人的健康，因为他所医治的是一个具体的人"[141]。

传统的技术伦理是一种运用伦理原则和规范解决技术问题的"技术"或"工具"，侧重于在技术实践中的"应用技巧"。这种理解理论与技术实践问题的模式属于自然主义认知模式，这种认知模式在经典物理学时代处理技术问题时发挥了一定的作用。而在现代，随着量子物理学的产生，现代技术的发展趋势已超出人类的直觉经验范围，其技术后果具有极大的不确定性和风险性，譬如集乌托邦畅想和末日噩梦于一身的纳米技术[142]，引发关于"人的自然本性之未来"讨论的基因技术，以及可能导致"个体消亡"的信息技术等。它们的共同特点都在于技术自身的复杂性、非直观性以及技术后果的不可完全预测性，这些特点超出了以确定性、严密性和精确性为反思和理解对象的自然主义认知模式，传统技术伦理关于技术实践中的应用"技巧"无法应对现代技术引发的所有问题。作为实践哲学的诠释学所开启的实践哲学认知模式，以亚里士多德的实践智慧为核心，关注的对象是可变事物和具体的特殊事务，考虑的焦点是如何在可变的具体事物中做出明智的行为选择，这与现代技术的特点相契合。面对现代技术引发的伦理难题，作为实践哲学的诠释学可以通过它的阐释，根据既有的伦理原则和规范，在不同的历史背景下对其进行批判的理解和阐释，并在具体的技术实践中加以修正、补充和发展。此外，实践智慧作为具体的情形中对"善"的选择和权衡，有助于引导人们理智并负有责任地发展并利用现代技术和一切人类能力，孕育出真正的、富有生命力的人文科学模式，为现代技术在未来健康全面发展指明方向。

2.4　诠释学视角下的现代技术伦理概念

诠释学视角下的现代技术伦理概念主要包括现代技术伦理的"前理解"、现代技术伦理的"视域融合"和现代技术伦理的"实践智慧"。现代技术伦理的"前理解"是伦理判断和伦理预设的基本前提，现代技术伦理的"视域融合"是深化异质性视域间融合的基本途径，现代技术伦理的"实践智慧"是现代技术伦理未来发展的核心目标，三者共同勾勒出现代技术当代发展的伦理澄明之路。

2.4.1　现代技术伦理的"前理解"

在海德格尔看来，此在有两种生存论特征：境缘性和理解。前者表现了此在的被动方面，此在总是处于被抛的境遇之中；后者表现了此在的主动方面，此在通过理解对自己进行筹划。这样，理解就是在被抛状态中的自我筹划，是此在的存在方式。因此，理解就不可能凭空产生，而是为一种先行存在的结构所指引，这种先行存在的结构就是"前理解"。前理解乃是形成理解的必要前提和基础，是构成理解者"不言而喻的无可争论的先入之见"[37]，它建立在社会背景、文化传统和物质条件等与我们生存密切相关的前有境域的基础上，包含着我们理解某一事物的先行立场或特殊视角。比如，对个别特殊技术事件解释经验的积累，既有观念中隐含的先入的见解，又囊括了实现理解的概念方式，比如我们对自由、安全、隐私等概念的认知。在现代技术伦理领域，现代技术伦理的"前理解"指的是在现代技术实践活动过程中，生成于主体的生存境遇而形成的关于技术的伦理认知与判断、体验和概念，展开并扬弃于具体的技术情境中。比如，在工业时代形成的关于现代技术的伦理认知与判断等，影响着现代技术活动中各类行动者（包括技术设计者、技术管理者、技术决策者和技术使用者等）在技术目标设定、技术方案设计、技术决策以及技术应用评价等环节中如何看待和处理伦理问题，成为一种先在的见解或预设。

现代技术伦理的"前理解"和技术实践活动过程中行动者的处境密切相关，由生存境遇、生活际遇、在世经验、思维定式、教育背景、个人理想等塑造的个人知识结构和文化心理结构，就会在技术实践之中投射到技术活动过程的各个环节，并作为其进行伦理判断和价值选择的基础和前提，渗透到技术目标设定、技术方案设计、技术决策、技术应用评价等环节。比如在技术方案设计阶段，设计者总是围绕技术目的的实现，"调动以往所积累起来的经验、知识、技巧等多种资源，出主意、想办法，探求实现目的的技术原理"[143]，技术设计者自身累积的经验、知识和技巧等资源渗透着自身的价值取向和道德意识，构成了其关于某项技术设计的"前理解"，决定着生产什么样的产品，以及如何进行生产。在这个意义上，可以说，技术产品或技术人工物不是中性的，而是具有价值负载的，这种价值负载与技术设计者的前理解密切相关。比较典型的案例是美国技术哲学家兰登·温纳（Langdon Winner）在《人造物有政治吗？》一文中所述的美国纽约长岛公园大道上的200来座天桥的设计，由罗伯特·摩西（Robert Moses）设计的这些天桥的桥洞高度只有9英尺，以至于12英尺高的公共汽车无法正常通过，其结果是主要靠公共交通出行的穷人和黑人被挡在公园大道之外，而拥有小汽车的"上层"白人和"舒适中产阶级"却可以自由使用公园大道进行消遣和通勤。[48]温纳指出，这些天桥建造得如此之低，是摩西为了限制弱势种族和低收入群体进入琼斯海滩而有意设计和建造的，正如摩西的传记作者罗伯特·卡洛（Robert A. Caro）所言，摩西所设计的这些低桥反映了摩西的"阶级偏见和种族歧视"[48]。在这个意义上，摩西低桥的案例折射出技术设计者所秉承的伦理意向、价值判断等前见在技术设计过程中的呈现，并凝结为技术人工物在社会应用过程中所表现出的政治伦理意蕴。

现代技术伦理的前理解不仅是在技术实践过程中形成伦理判断的必要前提和基础，影响着技术活动应用的后果，而且随着理解的展开，作为"前车之鉴"生发出积极的意义，即对新的伦理意义的创生也有着不可或缺的作用。也就是说，现代技术伦理的前理解在生存论语境之下并不是绝对消极或积极的存在，而是体现为"现有"和"应有"的辩证逻辑，其中关涉人类普遍价值、关注公众福祉的善的因子需要在技术实践过程中被继承和发扬，而那些不合时宜的、带有固有偏见的、种族或阶层中心主义的因素则需要在技术实践过程中被扬弃和超越。仍以摩西低桥的政治性意蕴为例，在技术产品投入社会之后，作为对摩西低桥是否具有伦理意蕴的评价者，温纳从技术政治性的视角认为，摩西为了方便小汽车（而非公共汽车）通行而建造的天桥，体现了一种系统化的社会不公[48]。随着技术社会学研究的日益拓展和深化，以及复杂现代性语境下多元价值观念的不断发展，人们对摩西低桥与摩西本人的评价呈现出多元化的趋势。比如，约翰·R. 布莱克（John R. Black）从生态论的角度认为，摩西低桥限制了蜂拥而入的游客，保护了琼斯海滩的生态环境，摩西是一位先驱性的生态主义者[144]。伯纳德·约吉斯（Bernard Joerges）从制度规定的立场认为，摩西低桥限制公共汽车通行，不是基于政治意图，而是受限于制度性规定，因为美国法律明确禁止卡车、公共汽车等商业车辆在公园道路上行驶，因此，摩西即使有其他想法，也不可能破坏法律使公共汽车行驶在公园大道上[145]。史蒂夫·伍尔加（Steve Woolgar）等则从远见规划师的视角指出，所谓摩西低桥限制公共汽车通行的说法纯属无稽之谈，天桥的设计是因为摩西预见到未来新的汽车时代和闲暇时代的到来，这一设计具有未来属性[146]。可见，在现实的技术情境中，不同的评价主体鉴于其独特的历史文化背景和价值取向对于同一技术成果（或技术人工物）可能有不同的伦理解读。而这些不同的解读不但打破了温纳"一枝独秀"的政治性解读，生发出有关生态的、制度的、远见规划师的多元解读，而且从侧面更加印证了技术潜在的伦理功能和价值负荷。这对于我们更好地理解具有复杂多回路系统的现代技术及其伦理问题具有重要意义。就技术设计者而言，他不但要审视自身的前理解，而且要充分洞察技术产品复杂且丰富的社会、人文内涵。因此，社会阶层、城市空间正义、生态环境、政策法规以及未来的开放性等要素都需要内化为技术设计者的理性自觉，也只有在这种立体结构的环视下，技术才能在一种"好的前理解"中展现出人类应是的技术场域。

简言之，现代技术伦理的前理解并不是消极的、僵硬的、固化的，而是在"正视—扬弃—更高层次的自觉建构"的逻辑脉络中因地、因人、因时、因势而不断更新的。这就要求，处于复杂的现代性语境下的技术实践者在洞察人文、洞悉社会、实现技术正义的基础上熟练掌握技术，在自身的"前理解"的积极言说中，敞开地将自身的知识结构、人文价值结构和社会需要、时代属性进行深度融合，以此实现现代技术伦理的实践智慧，实现技术由中立立场转向"善行""善用""善治"。

2.4.2　现代技术伦理的"视域融合"

前理解作为指向未来解释的必要条件，是在历史中形成的，是理解者和解释者先天具有的客观"视域"。它规定了可以视见的区域，与人的主观因素有关却并不完全受主观控制，因此，我们总是被"抛入"某种境遇，理解者和阐释者是具有传统观念并立足于当代某个特殊境遇的存在。因此，置身其中的文化和传统的历史性与流动性，以及个体生活背景的差异性，都决定着我们具有彼此相异的独特视域。伴随着这样一种视域，我们走到了现代新技术时代。现代技术是技术自主性和社会建构性相结合形成的复杂系统，在目标设定、方案设计、试验过程和成果鉴定等各个环节自始至终贯穿着人的认知、理解、评估、选择等要素，从价值的角度对现代技术活动进行审视。技术活动中不同主体的价值和利益的视域（价值认知、判断等）是技术活动展开的认知前提，它们所主导形成的价值评价直接影响着技术活动和社会后果。然而，在现实的价值评价中，由于历史传统、文化背景、个体经验、道德意识等差异所致的视域（价值认知、取向等）的不同，技术系统内往往并存着多种视域，甚至包含着复杂的视域冲突和对抗。为了"找到为各类价值主体广泛接受的技术目标，最终确定以大多数人利益为基础的技术方案"[143]，就需要多元价值主体间的异质性视域充分融合。

现代技术伦理的视域融合是指在现代技术实践活动的整个过程中，即在技术目标设定、技术方案设计、技术决策以及技术应用评价等阶段，把技术相关者的视域进行"从一到多再到一"的"肯定—否定—否定之否定"的融合提升，实现多元诉求在视域上的相融整合与共生共存，形成一个既同理又共情的、兼具科学与人文理性的融合视域，以此为未来新技术提供一种具有历史连续性且开放性的视域，推动走向未来的新技术的发展，以建构可持续发展的人类文明。正如上文中分析的摩西低桥案例，最后形成的价值阐释是多元的，也需要进一步融合或整合，形成关于此事件的视域的整体化阐释，而不仅仅是多元的价值认知。对于这样一种视域融合，需要确定基本伦理原则，以保证人类伦理精神的至上性。据此，现代技术伦理的视域融合应当在技术过程的全部环节中，坚持以人为本，把安全、公平和正义、可持续发展作为技术实践的基本伦理原则，并在此基础上实现技术对效益、速度和规模等要素追求的合理化兼容，以实现技术活动过程中异质性视域的互相融合。在这个意义上，现代技术伦理的视域融合不是在伦理约束的基础上"盖高楼"，而是在不同伦理视域间进行融合的基础上实现现代技术的整体性伦理澄明。也就是说，从安全出发重构速度、从公平出发考虑效益、从正义出发建构规模，实现的是技术实践过程中伦理（技术设计者和伦理学家）、效益（技术决策者）、规模（技术实践者）等视域高度融合，以建构"整体性的技术共同体"。

由此，现代技术伦理的视域融合过程，是一个从"一"到"多"，再在更高层次上实现大写的"一"的过程，是"聚焦—展开—融合"为"一"的整体澄明。但是，在具体的技术实践的过程中，作为出发点而存在的技术主体伦理自觉向度往往被遮蔽，这也导致了技术过程由"多"到"一"的现实断裂，诸如下文所述的"挑战者号"和"厦门PX项目叫停"事件，虽然都在某种程度上实现了现代技术伦理的视域融合，但是"挑战者号"事件的视域融合就是没有小写的"一"的基础，断裂地实现了从"多"到大写的"一"的"硬"视域融合，对"安全"问题的漠视体现为"恶性"的视域融合；而"厦门PX项目叫停"事件就是实现了"一—多—一"的总体性、辩证性的视域融合，实现的是"技术伦理自觉—技术要素和社会多元要素的深度展开—技术后果的良性澄明"这一"良性"的视域融合。

技术主体的伦理自觉是视域融合的基础，但在现代技术精细化分工的背景之下，技术主体的整体性视域匮乏，导致了对技术伦理的遗忘，也影响了技术伦理视域融合的最终形成。以"挑战者号"航天飞机的发射决策为例，在"挑战者号"发射前夜，莫顿·瑟奥科尔（Morton Thiokol）公司的工程师们出于对 O 形环在低温下的密封性能的担忧，建议不要在第二天早上发射"挑战者号"，而莫顿·瑟奥科尔公司的高级副总裁杰拉尔德·梅森（Gerald Mason）则考虑到"挑战者号"的发射关系到公司与 NASA 的合同签订及其所带来的经济效益，最终以工程师们所提供的数据是"非结论性的"为由，主张按原计划发射"挑战者号"，最终导致了悲剧的发生。[147] 在"挑战者号"的案例中，在莫顿·瑟奥科尔公司的工程师们（技术者）和高管杰拉尔德·梅森（技术管理者）之间存在着关于安全与经济的视域冲突。从工程师的视域来看，技术决策不仅要考虑到设计的效率与经济、不当生产和操作耐受性程度以及最新技术的使用程度之外，还要考虑质量和安全问题。如果对这些因素进行权衡，工程师会从职业责任出发将质量与安全因素视为首要的和最重要的问题。而从管理者的视域来看，组织的利益与生存状况（包括成本、计划、营销和福利等）是首要考虑的问题，"为了降低成本、获得很高的经济效益，他们甚至会认为工程师在安全质量问题上顾虑得太多，损害了组织的经济利益"[148]。就这一案例而言，在技术实践中，对于质量安全与经济利益的价值选择，工程师的决策更多地考虑了前者，而管理者对后者的考量往往超过前者。在最终抉择上，管理者的武断使得工程师的诉求无法得到表达，最终酿成了无法挽回的社会后果。易言之，就站在现代技术伦理视域融合的高度上形成的"整体性技术共同体"而言，如果参与"挑战者号"工程的所有技术工作者都能站在伦理主体的高度上实现对安全问题的关切，如果技术安全能被作为整体性的考量渗透到技术设计、技术决策和技术应用的方方面面，O 形环在低温下的密封性能的安全性问题就不会以显性命题表征出来。所以，精细分工的个人职业化"原子式"存在，在现代技术面前应该要求伦理意识的靠前站位、总体性统摄，建立技术环节在"安全—效益"双向互动中的视域融合机制。

因此，真正的融合是一个建立在尊重"你""我""他"多方视域基础上的视域融合过程，与他者（工程师、管理者、领导者、投资人、公众）视域的融合，意味着把"他者"的视域作为一种新的要素纳入自身的视域，进而通过视域的扩张，在新形成的视域中重新审视各方的利益诉求。易言之，视域融合"意味着向一个更高的普遍性的提升，这种普遍性不仅克服了我们自己的个别性，而且克服了那个他人的个别性"[131]。新视域的获得意味着"在一个更大的整体中按照一个更正确的尺度去更好地观看这种东西"[131]。现代技术活动共同体成员之间的价值认知、判断、选择和博弈直接影响着技术活动的最终结果，各利益相关者要充分尊重并考虑"他者"的价值根据和标准，避免并突破价值认知上自我孤立、自我封闭的"由自"窠臼，要从整体上（包括政治、经济、生态环境、技术、法律、文化、伦理道德、宗教信仰等方面）对技术活动的正负效应进行全面的评估，既要考虑到技术决策者（包括政府、投资者、管理者等）关注的经济利益，又不能忽视技术设计者（工程师等）和技术使用者（包括公众、社群、消费者等）对伦理、文化等潜在方面的诉求，进而从系统的整体观念入手，权衡利弊对技术做出兼顾合理性与合意性的选择。

"厦门 PX 项目叫停事件"则是技术活动中利益相关者之间经过各方博弈、视域融合的结果。对于 PX 项目的价值评价，公众、科学家和政府之间存在着鲜明的视域冲突。公众作为该项目的直接风险承受者，认为 PX 项目威胁到了自身的生存和健康，并以各种方式表达了自身的利益诉求；厦门大学的科学家们根据自身的科学素养和环保知识，认为 PX 项目可能导致不安全的后果和污染隐患，与政协委员联名签署了关于厦门海沧 PX 项目迁址建设的提案；而厦门市政府则侧重于考虑PX项目为城市带来的经济红利，以"安全系数与汽油同一等级"来驳斥关于安全问题的质疑。[148] 在本案例中，面对视域的冲突，政府并没有像"挑战者号"事件中的管理者那样用武断的方式忽视公众、科学家和政协委员的观点，而是通过公众座谈会的形式邀请持不同诉求的各方代表畅所欲言，在科学发展观、民主决策和尊重民情民意的新视域中重新审视该项目，新的视域超越了原有的异质性视域中最初的成见和问题，公众、科学家、政协委员和政府扬弃前见、互相学习、共同提升，最终达成视域融合。此外，主体的伦理意识也是技术伦理视域融合的基础。就本案例而言，广大厦门市民的生态伦理意识、科学家的技术责任意识、政协委员的为民请命意识，这三者之间不是达成了简单的共识，而是在"PX"项目这一应激事件中唤醒了民众的生命、生态、生活意识，作为知识创造者的科学家的技术伦理意识，担当社会使命的政协委员的政治伦理意识，实现了生命域、生态域、生活域、知识域和政治域的深度融合。经过视域融合，民众扩充了知识视域和政治视域，科学家扩充了民生视域和政治视域，政协委员扩充了知识视域和民生视域。以人民为中心，对技术后果的担当及对未来的筹划，使科学家和政协委员成为民众和政府之间沟通的桥梁。在多重视域融合的基础上，政府践行了"为人民服务"的初心，实现了从"技术为资本增值服务"转向"技术为民生服务"。视域融合的视野中不仅蕴含着对未来的筹划，更凸显着对"初心"的唤醒，以此实现"整体性的技术共同体"的建构。

因此，现代技术伦理的视域融合意味着在技术实践过程中对所筹划的视域的扬弃，使异质性视域在一个更为广阔的新视域里形成统一的整体。比如，隐私伦理在农业社会、工业社会和信息化社会中内涵的演变就是例证，在这个意义上可以说，现代技术伦理的视域融合并不仅仅意味着"视域扩大"（horizonterweiterung），更是与技术伦理变迁的历史性相联系的"视域推移"（horizontverschiebung），诸如安全伦理、隐私伦理、公平公正伦理在历史中的演进等。因此，在新技术不断迫近人类生活的前提下，应该前瞻性地更新视域。也就是说，通过视域融合，技术活动中各自存在的、彼此碰撞的不同视域都在所形成的更大视域中被重新审视，特殊视域中包含的不真的"前见"将根据这种更全面的视域得以修正，在彼此视域被拓展的同时，构建一种以技术生活世界为中心的视域融合，形成互构共生的现代技术伦理。为此，现代技术伦理的视域融合应当在技术活动过程的全部环节中，坚持多元主体异质性诉求的伦理内涵（包括立场、文化观念、历史延续、宗教与习俗等）的相融与整合，使之融合形成技术命运共同体的伦理意识。

2.4.3　现代技术伦理的"实践智慧"

现代技术伦理的"前理解"是现代技术伦理"视域融合"的基础，而现代技术伦理"视域融合"的最终实现有赖于现代技术伦理的"实践智慧"，这是诠释学视角下现代技术伦理的逻辑演进脉络，也是现代性的语境下现代技术伦理的价值目标。在"善"与"正义"的指引下，技术实践趋向于一种包含多重因素的"善行"。从根本上说，现代技术伦理的"实践智慧"是指在现代技术活动过程中，从技术设计、技术方案选定、技术试验、技术生产、技术应用、技术评估等诸多环节上，结合地方性知识（设计室、实验室、车间、工厂、工程等规则）的语境，遵循最优化、合理性与宜人性、合意性原则，以"善""正义"为目标，将有关技术伦理原则、技术伦理规范与具体技术实践语境相结合，明察技术活动可能的社会后果，引导技术主体负责任地创新和使用技术，前瞻性地控制科学技术的应用，防止可能的技术灾难发生，最大限度地处理好人与自然的关系。换言之，"负责任的技术创新，负责任的技术操作、应用和使用"这样一种规定并没有具体、明确的规范，它应该普遍地存在于社会全员的技术行为中，时刻发挥作用，以此为指向处理人与技术的关系、人与环境的关系、人与人的关系。

诠释学作为一门"关于理解和解释的学问"，其本身不单单是一种与"技术技能"有关的理论。真正的理解必须使一般原理被合理地应用于具体的诠释学境遇，并由此实现意义的创生和流动。而将普遍的东西具体化乃是一种联结普遍与特殊、一般与个别的实践智慧。实践智慧"只在具体的情境中证实自己"。它一直都在强调，"关于各种可能性、规则和解释手段的思考将直接有用于和有利于人们的解释实践"[149]。易言之，理解作为人的在世方式，与人的实践活动息息相关。从根本上看，"理解乃是把某种普遍东西应用于某个个别具体情况的特殊事例"[138]，即在具体情境中，"什么是理性的，什么是应当做的，恰恰并未在给您的那些关于善恶的总体指向中确定下来……为此您就得理解您的情景。您就得诠释它，这就是伦理学和实践理性的解释学之维"[149]。也就是说，一方面，面对多样而特殊的诠释学境遇，我们要在实践智慧的反思下进行实践行为，因为"人的行为的意义是开放的、可变化的、可创造的，人是会随不同情况做出不同选择与决定的"[150]，这也是人之为人的核心所在。另一方面，作为"理解着"的在世之在，"我们的生活形式具有你—我特性、我—我们特性和我们—我们特性"[139]，易言之，面对具体的实践情境，我们对于在实践活动中如何去做的理解不是单向度的"独白"，而是具有双向度的"对谈"特质。因此，以实践智慧为核心的诠释学是"规定所有人的知识和活动的问题，是对于人之为人以及'善'的选择最为至关重要的'最伟大的'问题"[138]。

在现代社会，技术已经渗透到人类生活的各个层面。现代技术在改善人类物质生活条件、丰富人类精神生活内容的同时，也存在压制人类在与世界交往中的灵活性、缩减人类自由性的危险。技术实践在理性化的逻辑中遵循的是普遍原则和抽象原则，一旦远离具体境遇，就会不可避免地走向实践智慧的反面。尽管现代科学技术打着合理化、反神秘化和反神话等旗号极大地改变了人们的物质生活水平，使我们得到了古人无法想象的惊人的舒适条件，占有了更多的物质财富，但如果人在技术化的世界里将主体性智慧让位于技术理性和技术逻辑，势必会在技术理性的滥用中失去对技术逻辑的控制，最终导致人的自由意志的丧失和道德世界的没落。曾几何时，信息技术的无规约应用所导致的网络成瘾、隐私侵犯等社会伦理问题，无规定性的转基因技术给人类健康和生态环境带来的潜在威胁等，都为我们敲响了警钟。现代文明的危机在本质上是技术的危机，其根源在于技术理性的统治使人们遗忘了更为根本的生活世界和作为最广泛意义上的生活样式的实践。正如伽达默尔所言，"如果有谁相信科学因其无可争辩的权能而可以代替实践理性和政治合理性，那么他就忽视了人类生活形式的引导力量，而唯有这种引导力量才能够有意义并理智地利用科学和一切人类的能力，并能对这种利用负责"[138]。

技术理性需要实践智慧在"从普遍性转向特殊性，从抽象性转向具体性，从单向度的开拓性转向符合实践境域、生存境域和伦理境域"的过程中给予方向性的导向，需要在生活世界的维度、个体性的维度和具体境域的存在场域中，将技术理性与人的社会需要、思想道德状况深度结合在一起，在生存境域各个组成要素的合力中辨明技术理性的发展方向。这就是实践智慧对于技术理性的导向作用，即倡导在回归人性的基础上开拓进取，在考虑各要素合力的前提下负责任地创新，在现在与未来、道德与理性、人与世界的深度对话、深度融合、共情同理的基础上，从总体性的视野展开技术理性的实践空间和具体形式。以印度尼西亚电信塔太阳能技术的应用为例，电信塔是印度尼西亚主要的电信基础设施，承接该国超过2.4亿移动电信客户的通信业务。确保电信塔正常运行的传统能源供应方式是柴油发电机，但是这种能源供应方式在现实中遇到了很多问题，比如偏远地区的柴油供应不稳定，柴油发电机的噪声和环境污染比较严重等。鉴于此，电信运营商选择采用太阳能光伏发电塔这种更加可持续和环保的技术取代柴油机发电作为目前该国主要的能源供应方式。虽然在电信塔的能源供应中采用太阳能光伏发电具有运营成本低、环境污染小、无噪声污染等优势，但是这种技术在本土化的应用过程中仍存在一些潜在问题。印度尼西亚地处热带地区，属于热带雨林气候，这种气候条件使得灰尘在太阳能光伏组件中快速积聚。如果缺乏良好的清洁机制，光伏组件模块表面灰尘的积聚就会导致发电量的下降，而发电量的下降又会导致电信塔功能的失效，最终可能导致电信系统的崩溃。[151]

在该案例中，作为一种取代柴油机发电技术的创新技术，太阳能光伏发电技术在技术应用中究竟会产生积极影响还是消极影响尚无定论，需要与该设备相关的所有参与者运用实践智慧来把握。如果电信运营商和采用太阳能光伏发电的其他参与者将自身在实践里的智慧交付给技术理性，忽视或未认真考虑现实中相关因素导致的电信系统崩溃的风险，就会使太阳能光伏发电技术的应用面临失败的风险，并可能在环境、社会和经济方面造成创新的消极（意外）影响，不利于太阳能光伏发电技术的良性应用。为了防止采用太阳能光伏发电的失败及其产生的消极（意外）影响，需要在实践智慧的反思下进行实践行为，认真考虑太阳能光伏发电技术部署后的现实因素，比如当地特殊的地理、气候条件所引发的灰尘积聚问题，某些地区酸性物质、鸟粪和其他有机物对光伏组件表面的侵害等；及时考量太阳能光伏发电技术在实施中所关涉的各利益相关者的任务与责任，明确电信运营商、电信塔基础设施公司、太阳能光伏制造商、光伏设备安装商、监管机构和客户的利益、任务和责任；全面考察文化环境对利用可再生能源的太阳能光伏发电技术的影响等。对这些因素的考量将在环境、社会和经济方面带来创新的积极（预测）影响，并进一步推动光伏发电技术等可再生能源利用的发展。由此可见，单纯的技术理性不能一劳永逸地解决一切问题，从柴油发电机到太阳能光伏发电机的改进是单纯的技术理性的普遍原则之使然。但是，如果不把当地具体的自然条件考虑在内，则会因无法清洁太阳能光伏发电机模块表面而导致该技术的整体化失灵，其后果是走向技术理性的反面。在这一案例中，我们要看到，实践智慧是技术理性得以可能的要件之一。实践智慧是具体情况下知晓得越全面、把握现实的认知越多、田野调查得越彻底，就越容易做出明智的选择。这种实践智慧要兼顾对可用性负责、对当地民众需求负责、对生态环境负责等理念，要在整体要素的慎思明辨中做出明智实践。

在现实的技术实践中，"考虑周全的责任"和"负责任创新"都是现代技术伦理中实践智慧"出场"的生动体现。"考虑周全的责任"就是让工程师在设计过程中将经济因素、政治因素、文化因素、伦理因素等可涵盖的因素尽可能多地考虑进来，在沉浸于设计的"理念世界"的同时，仔细而周密地考虑对应的"现实世界"的因素，尽力避免存在于工程设计内部的模型"理想化"所导致的危险。"负责任创新"则是"从道德价值的角度出发，在直接和间接利益相关者的协助下，公开而富有前瞻性地评估和分析可选择方案及预见结果"[152]，将视角扩大到社会层面、道德层面、公众利益层面、制度建设层面等，关切整个过程中所有的利益相关者，调节价值冲突，追求双赢的结果。比如荷兰的鹿特丹港扩建项目，就从对环境友好、使人类宜居的目的出发，由政府牵头对港口建设导致的生态损害进行相关赔偿；

选择诸如铁路模式和水运模式等相对环保的方式，以减少碳排放量；加大地下深洞建设以最大限度地减少地表建设等，在较大程度上减少了对环境的损害，这些措施使其成为荷兰乃至世界"负责任创新"理念践行的典型案例之一。

2.5 本章小结

本章从分析现代技术的本质和现代技术伦理的概念入手，指出现代技术伦理的诠释学诉求，即超越现代技术伦理的外在主义困境，消弭伦理考量的价值冲突，以及增强现代技术伦理的实践有效性。而诠释学的出场并不是毫无理论根基的，技术哲学的经验转向、诠释学与伦理学和技术伦理的内在贯通，以及作为实践哲学的诠释学为诠释学的出场提供了理论基础。技术哲学的经验转向为客观、全面和准确地诠释现代技术伦理问题产生和发展的机理提供了现实基础，其核心在于揭示了技术人工物的"居间调节"作用；诠释学与伦理学和技术伦理的内在贯通基于它们都分有实践理性的特性，为从诠释学视角阐释现代技术伦理问题提供了理论基点；作为实践哲学的诠释学以实践智慧为核心，致力于人的善、现实实践以及世界经验，为现代技术伦理从理论阐释走向生活实践提供了新的启示和思想资源。本章进而提出了诠释学视角下的现代技术伦理概念，即现代技术伦理的"前理解"、现代技术伦理的"视域融合"和现代技术伦理的"实践智慧"。本章指出，现代技术伦理的"前理解"是形成伦理预设和进行伦理判断的前提，现代技术伦理的"视域融合"是深化异质性视域融合的基本途径，现代技术伦理"实践智慧"是现代技术伦理发展的未来目标，三者共同勾勒出现代技术当代发展的伦理澄明之路。

前理解：现代技术伦理的自觉向度

在海德格尔看来，此在是"在世界之中"的"能在"。"在世界之中"意指此在总是已经处于某种被抛的境遇中；"能在"意指此在在自己的存在中向可能性筹划自身。此在的存在方式是"筹划着的被抛状态"或"理解着的境缘性"。那么，理解就是此在作为在世之在的基本存在方式，在理解的筹划中，此在基于它所遭际的世界向着它的可能性展开。在现代的技术时代，我们面临的技术是作为"存在"祛弊或者解蔽的"能在"的存在状态，它是此在理解存在的"境缘性"，是"存在"的"能在"在世界之中的祛弊之存在，具有可理解性。因此，面对超越人类日常经验的现代技术及其带来的伦理问题，我们依然可以在存在论意义上凭借存在的"能在"指向在被抛状态中筹划现代技术的可理解性的境域与情境，并筹划未来。作为此在在被抛状态中的自我筹划，理解总是为一种先行存在的结构所引导，这种先行存在的结构乃是"前理解"，前理解构成了理解者"不言而喻的无可争论的先入之见"[37]。

在现实的技术实践中，现代技术伦理的"前理解"，是现代技术实践者在深入技术实践境遇之前，由其个人成长、教育经历和理想追求等要素的合力作用所形成的"自在"的知识系统、主观诉求、价值尺度和伦理取向。在诠释学的语境下，这种进入技术实践语境之前的知识结构奠基于一定的"前有—前见—前把握"结构。但现代技术伦理实践主体的前理解结构并不是僵化、固定的，其中的积极成分会通过"时间距离"生成意义，实现技术逻辑和价值逻辑的并行发展；其中的消极成分也会在"时间距离"中被涤除，不合时宜的要素会被时间过滤。现代技术伦理实践者的"前理解"也会通过不同文化空间中异质性的技术主体之间的对话和沟通实现视域的存异求同，以在全球化的语境下使现代技术在多维伦理尺度的关照下前行。现代技术伦理的"前理解"在"时空距离"中生成的实践方式，也只有在"效果历史"中达到澄明境界。

3.1 现代技术伦理的"前有—前见—前把握"结构

理解始于前理解，前理解是理解和解释的基础并具有形式特征。此在的各种可能性、理解的可能筹划，都基于这种作为存在者存在方式的先在结构形式。对前理解的理解，乃是对理解自身的反思。据海德格尔所述，前理解由前有（vorhabe，又译为先有或先行占有、先行具有）、前见（vorsicht，又译为先见或先行视见）和前把握（vorgriff，又译为先把握或先行掌握）三种要素构成，"把某某东西作为某某东西加以解释，这在本质上是通过先行具有、先行视见与先行掌握来起作用的"[153]。在现代技术伦理领域，前有是在理解活动展开之前，此在已被其置身其中的世界先行占有，我们生而被置于特定的社会背景、文化传统、技术观念之中，这一切与我们密切相关的境域以"隐绰未彰"的方式占有了我们，我们秉承着先行占有我们的社会文化背景，与现代技术语境浑然一体。而前见是在前有中通过技术实践中可被理解事件的特殊视角或先行立场，形成当下我们对现代技术伦理的理解视域，它通常包括对个别特殊技术事件解释经验的积累、既有观念中隐含的先入的见解等。前把握则是理解和解释活动赖以实现的先行概念框架或方式，比如我们对安全、隐私等概念的认定。一切理解都具有这种前结构，在理解的过程中，"被领会的东西保持在先有中，并且'先见地'被瞄准了，它通过解释上升为概念"[153]。三种要素互相渗透，构成现代技术伦理的"前有—前见—前把握"结构，并作为我们理解和解释的"先入之见"，成为伦理判断与预判的前提。

3.1.1　现代技术伦理"前有"境域的多维性

在哲学诠释学意义上，理解是对此在的展开，这种展开是以筹划的方式完成的。在理解的筹划中，此在向着它的可能性展开了，而此在"在世界之中存在"，理解或筹划活动就是在世界之中并向着世界进行的。因此，此在的理解活动就不可能从虚无开始，而是"一向奠基在一种先行具有之中"[153]，譬如历史条件、文化传统等。作为理解的占有，前有奠定了理解的本体论前提，此在存在伊始就已经为自身所具有，并作为经验的前提影响着此在的理解活动。在现实的技术实践中，现代技术伦理的"前有"境域指的是影响和形成现代技术伦理的先在的情境，主要是以"历史传承物"的形式存在，并受现代语境制约，是在传统和现代的张力结构中对技术实践主体的外在塑造。现代技术伦理所置身的社会环境、历史背景、文化传统以及物质条件等技术语境，在影响和形成现代技术伦理原则和规范的同时，也为我们理解和解释现代技术伦理问题提供了丰富的可能性。由于不同历史时期、不同地域、不同社会、不同个体之间的境域不同，现代技术伦理的"前有"境域因历史、文化、社会和个体差异等呈现出多维性。在复杂现代性框架和全球化背景下，现代技术伦理的"前有"境域包括时间、空间、宏观和微观四个维度，它们在不同的程度上影响着现代技术伦理的形成和发展。

现代技术伦理"前有"境域的时间维度指的是在技术实践的不同时期，伦理对技术实践的关照从弱到强的时间维度。现代技术伦理得以形成的时间维度意味着现代技术伦理总是受一定的"历史传承物"的制约，但这种制约不是在技术实践之初就显现自身的力量，而是随着技术实践的深入，在不同的发展语境之下形成的伦理对技术实践所产生的问题的关照。时间维度与现代技术的发展语境密切相关，现代技术的历史更迭所催生出的新的伦理关系，挑战着传统伦理原则和行为规范，也生发出新的伦理意义。以纳米技术中的"安全"问题为例，纳米颗粒独特的结构形态使纳米材料表现出许多独特的功能，被广泛应用于衣（如除味、除静电）、食（如抗菌）、住（如自洁建筑材料）、行（如纳米卫星）、医（如纳米机器人、纳米制药）等领域，给社会生活、经济和健康带来了巨大的福祉，但随着纳米技术应用的推广和相关研究的深入，关于纳米材料的安全性问题也越来越引起关注。如果没有科学家们关于纳米颗粒安全风险的实验和研究，纳米技术的安全问题或许不会出现在大众的视野中。换言之，对纳米技术的"安全"问题的重新思考，是随着纳米技术的应用和相关研究在时间中的逐步深入而渐渐明晰的。纳米技术的时间维度展开，作为"前有"境域，成为形成伦理预判的前提。也就是说，纳米技术的研发、应用和研究在时间维度中保持敞开。从对纳米技术无限度的运用，到对纳米技术安全性的伦理考量，到表征纳米技术阶级化的"纳米鸿沟"，再到纳米军工技术对地缘政治的影响，这些都是在时间维度上所构成的我们关于纳米技术认知的"前有"境域。在时间维度上，在"前有"境域的制约下，我们不断地重新审视纳米技术，促使"前有"内化为"前见"，最后在"前把握"中对未来进行敞开性的视域融合，以在安全、正义、合理的尺度上"绿色、健康"地发展并使用纳米技术。同样，关于基因编辑技术中对于人的尊严问题的讨论也同基因技术的时代发展有关。在基因编辑技术出现以前，人类的生育问题是顺从自然随机安排的自然而然的事情，而基因编辑技术的出现则"能够"让父母"私人订制"自己未来的孩子，包括性别、身高、健康甚至智商等。关于人类是否有权力利用基因编辑技术"订制"自己的孩子是存在伦理争议的，但正是基因编辑技术的出现为人们提供了"设计"婴儿的能力，进而导致了是否应该"订制"婴儿的伦理争议。

如果没有基因编辑技术或者基因编辑技术的发展还没有达到能够"设计"婴儿的水平，此类伦理问题可能就不会发生。正是因为有了基因编辑技术在时间中的不停展开，并不断转为我们的"前有"，才为我们筹划某一事物的"应是"提供了客观基础，也为"前有"在主体映像中的"前见"提供了客观条件。

现代技术伦理"前有"境域的空间维度指的是在不同国家、不同文化背景下，因受自身的政治经济条件、历史文化、传统观念、宗教观念以及意识形态的影响，对于技术相关决策或者新技术认知有很大不同。就转基因技术中的"安全"而言，不同国家的政府管理机构所制定的标准也存在差别，比如欧盟在转基因技术上的安全标准就明显高于美国。此外，体外受精和胚胎移植术（IVF-ET）技术所引发的关于人的自然本性的伦理争议，也与不同文化空间内的境域相关。据不完全统计，自 1978 年以来，借助 IVF 及其他生育治疗技术诞生的婴儿超过 800 万[154]。但是，在首个"试管婴儿"诞生 30 多年后，直到"试管婴儿之父"罗伯特·爱德华兹获得 2010 年诺贝尔生理学或医学奖，天主教会依然反对体外受精技术，认为这并没有解决不孕症，只是绕过了它[155]。天主教会认为，通过自然生育才是道德的，试管婴儿技术是在"扮演上帝"。由此可见，现代技术伦理的"前有"境域也受空间条件制约，在空间语境下，不同国家的文化传统、宗教观念与某一技术的碰撞也是作为客观化的"前有"而存在的，这决定了文化、伦理中的技术生长尺度。有些国家、民族的"前有"需要在实现现代性转化的基础上才能实现"筹划"意义上的"上手"，才能使现代技术伦理在现代性语境下与时俱进地进行建构。

除了时间维度和空间维度的影响，现代技术所面临的伦理问题也因所侧重的宏观维度和微观维度不同而有所差别。宏观维度主要和现代技术实践中社会与组织因素（包括社会背景、社会责任和社会决策等）相关，关涉技术活动对公众的安全、健康与福利的影响。以基因技术为例，其核心伦理争议涉及人的尊严问题。若公众舆论对此缺乏关注，技术决策过程中对人的尊严的考量便可能被边缘化，最终导致人的尊严难以得到应有的尊重与保障。再如，西方国家关于再生性生物技术的争论，与其社会文化和宗教传统中关于幸福的讨论密切相关。现代技术伦理"前有"境域的宏观维度也就是社会背景因素，是通过文明尺度展现出的社会背景。在当下的社会语境中，现代技术实践中的社会背景、社会责任和社会决策虽然是我们当下从事技术伦理建构的"前有"，但这种"前有"不是毫无根据的，而是在"诠释学循环"的意义上，经过时间、空间中的理解、对话、视域融合，将上一轮"诠释学循环"的终点作为我们从事技术伦理建构的"起点"，作为"前有"的形式被"持存"。可以说，越是文明的社会越具有实践智慧，越具有实践智慧的社会背景就越能展开现代技术伦理"前有"的立体结构，并积极地影响我们的"前见""前把握"，从而更加良性地推动现代语境下现代技术伦理的建构。

微观维度则与技术活动中相关人员的职业、商业背景和以技术设计为核心的具体技术实践相关。前者关涉技术活动中相关人员在具体的情形中如何进行道德决策。比如，技术活动中的工程师在职业伦理的要求下做出的某项技术决策会更多地考虑公众健康、安全和环保标准，而技术管理者则在经济利益的驱使下更多地考虑成本、计划、利润等与企业生存相关的因素。后者关涉技术发生、发展的过程对伦理考量的影响，现代技术是一个由多种因素构成的复杂系统，其过程包括原理构思、方案设计、方案评价、研制或生产、试验或测试、实际应用等诸多环节，这些环节之间的关系并不是直线型的单向关系，而是各环节之间的相互渗透、影响、回溯的复杂关系。就居于技术构思和方案评价之间的技术设计环节而言，研发人员在构思技术原理之后就转入技术方案的设计环节；如果所构思的技术原理难以形成切实可行的技术方案，则需要对技术原理进行修改或探求新技术原理；对于设计出的技术方案，负责技术评价的人员需要进行进一步的论证；如果论证过程中出现设计缺陷，则要加以修正或重新设计，甚至重新构思技术原理，如此循环以满足技术设计要求。现代技术系统这种内在环节联系的紧密性和复杂性，对现代技术伦理中的"责任"概念产生了影响，使责任形态从个体责任转变为职业共同体成员之间的共同责任。但是，这种转换必须在尊重个体"前有"的基础上摒弃不合时宜的"前见"才能实现，这是因为从事技术活动的相关人员，其作为个人教育、职业背景的"前有"，是有待激活的资源，不仅可以在职业共同体视域融合中发挥积极作用，而且可以为现代技术伦理的整体建构贡献自身的知识和能力。

"作为领会之占有，解释活动有所领会地向着已经被领会了的因缘整体性去存在"[153]，前有是此在向着被指引状态的关系存在，它指向最初始的意义，因而不可分割地与意义的先在性联系在一起，此在在充盈于前有中的先在意义那里获得了经验表达的组建能力。技术发展的程度可以表征人类文明的尺度。在历史的横切面中，每一代人都依据自身条件选择了与技术相融的独到方式。可以说，处于不同历史横切面中的人，总是生活在不同的技术空间之中。伴随着现代技术的飞速发展，我们必须正视自身的"前有"境域，继续保留其中的积极成分，并及时抛弃不合时宜的因子，以便在螺旋式的"诠释学循环"中对"前有"境域进行立体慎思，进而展现出人类对"前有"的"创新性转化"。在现代性的语境下，技术与伦理的诠释重心也在发生转移，以技术为重心建构人类文明需要接受伦理等诸多因素的制约。如何让人性伦理之光照耀出技术前行的方向，打破技术逻辑的单向度统摄，需要我们回溯历史以展望未来。在对具有历史纵深感的"前有"境域的环视中，重接伦理之光，打破过去、现在和未来的时间壁垒，始终让人性、伦理作为每个时代发展的主轴。

在时间、空间、宏观和微观等不同维度的"前有"的立体境域中，时间维度表征着伦理关涉技术的从失语到话语展现、从强到弱的动态过程；空间维度是多元文化对技术发展的作用，在开放性的语境下借鉴他者，反思自身；宏观维度是经过时空融合的当下生成；微观维度是个体差异导致的"前有"的多元性。它们一方面塑造着现代技术伦理的形成，并影响着其发展；另一方面也为我们理解和解释现代技术伦理问题提供了广袤的空间和丰富的可能性。因此，对现代技术伦理问题的理解，应当关注技术实践中复杂的"前有"境域，特别是重视这些"前有"因素对于现代技术伦理问题的建构性指引作用和意义生成影响，进而在技术实践所处的"前有"境域之下对现代技术伦理问题加以批判的理解，以调整既有的伦理资源，增强其解释现实问题的能力。

3.1.2 现代技术伦理"前见"基础的导向性

理解和解释向来奠基在"前有"中，而"前有"作为先验地存在着的、"隐而未彰"的东西包含了诸多的可能性。因此，在对此在进行理解或解释时，必须拿"前有"中的东西"开刀"，"被领会的东西保持在先有中，并且'先见地'（vorsichtig，通常作'谨慎地'）被瞄准了……"[153]。理解的展开需要在"前有"中确定一个视角，把"前有"的情境关联和此在自身的情境关联联系起来，将"前有"转化为"前见"，"前见"是通过对"前有"的反思完成的。换句话说，我们所置身的历史文化语境赋予自身以各种前见或成见，我们存在于历史性的前见中。现代技术伦理的"前见"指的是技术实践中与所要讨论的现代技术伦理问题相关的特殊视角或先行立场，它通常与个体的成长经历、学术背景、对相关技术事件解释经验的积累以及个人既有的道德观念等相关，包括既有的直接的道德体验或间接的道德知识，并作为不言而喻的先入之见渗透到我们对现代技术伦理问题的理解和解释之中。现代技术伦理的"前见"为我们理解现代技术伦理原则、经验和事件等提供了"最初的方向性"或"最先的出发点"，蕴含着指向未来的"开放的倾向性"。正是在这个意义上，我们说现代技术伦理的"前见"具有导向性。这种导向性肇始于前见的先在性，奠定于前见的合法性，拓展于前见的开放性，共同影响着我们对现代技术伦理问题理解和解释的方向及其展开。

首先，现代技术伦理的"前见"具有先在性。作为对"前有"的反思，"前见"不可避免地与先在的、"隐而未彰"的"前有"境域联系在一起，并成为被传统确认的价值观念体系，在当代生活中引导着我们对现代技术及其伦理问题的认知。对于前见，我们既无法自由地选择，也不能轻易地摆脱。可以说，在我们的理解活动开始之前，"前见"就先在地占有了我们。在具体的技术实践领域，现代技术伦理的"前见"呈现为现代技术实践活动各相关行动者（包括技术设计者、技术管理者、技术使用者等）关于现代技术活动过程中所关涉的伦理问题的先在的见解或预设，并作为其进行伦理推理和道德决策的基础，引导并影响其对现代技术的伦理认知。由于不同的技术活动相关行动者所置身的"前有"境域千差万别，据此形成的"前见"也各有差异。比如，在转基因产品的安全性评价上，不同国家因先在的政策、经济和文化等差异，对于转基因产品的立场也不尽相同，美国科学家对转基因产品持积极态度，认为如果没有证据证明转基因产品对人体有害，就应该允许大胆食用；中国对转基因作物的态度是，在确保安全的前提下允许其合法存在并受到严格监管；欧盟认为，只有对转基因产品的安全性进行严谨、科学的验证，才可以进行推广；非洲国家则坚定地拒绝转基因农产品。[156] 这些涉及转基因产品安全的"前见"，作为不同国家和地区对转基因技术相关议题进行伦理评价和讨论的基础，不但影响不同国家和地区的人们对转基因技术的伦理判断和认知，也使得转基因产品的安全性呈现出不一样的尺度。每个国家、地区和民族的"前见"多是由"前有"的打开程度决定的，有些国家在客观化的"前有"转化为主观化的"前见"过程中，使得"前见"对"前有"有积极性的拓展，在"创造性转化"中实现了"前见"对现代语境的开放态度；有些国家则是把"前见"湮没在"前有"的固定伦理体系中，没有过多实现"前见"的开放。对此，在客观化的"前有"转向主观化的"前见"的过程中，需要技术伦理主体将现代视域融入其中，实现"前见"对现代语境的敞开与澄明。这也是现代技术伦理打通历史、关照现实、敞开未来的重要保证。如果不能正视受制于"前有"境域的"前见"的先在性，那么现代技术伦理的整体化的诠释话语结构也会因此中断。

其次，现代技术伦理的"前见"具有合法性，是我们理解现代技术及其伦理问题的必要因素。要真正理解现代技术伦理问题，就必须确认"前见"，而不是摒弃或摆脱"前见"。启蒙运动以来，"前见"一直被视为消极的、亟待被克服的存在，因此，启蒙运动时期以及以后的浪漫主义都将克服"前见"视为自己义不容辞的任务。伽达默尔则与之相反，明确指出"一切理解都必然包含某种前见"[131]。就其实质而言，"前见"并不是被人们随意选择出来的，而是历史沉淀下来的理性，正是在"前见"中，理性和传统达到了效果的一致性。理解即是通过"前见"把传统纳入当代之中，"是一种置自身于传统过程中的行动"[131]，摒弃"前见"即是摒弃理解。既有的伦理认知、个人的道德观念和关于个别技术相关事件的见解等"前见"并不是必须被摒弃的阻碍理解的障碍，而是我们理解现代技术及其伦理问题的必要条件。比如，在"围棋人机大战"之前，围棋界大多数人基于特定的专业视角和一直以来所具有的人机关系的历史和文化认知以及以往人机对弈的经验（前见和前有），认为AlphaGo的实力仅停留在业余高手阶段，在短期内并不可能做到像"深蓝"战胜卡斯帕罗夫那样，李世石必胜（先入之见1）；而基于AlphaGo惊人的计算能力和深度学习能力，科技界则大约有一半人认为AlphaGo会赢，李世石必输（先入之见2）。面对新技术条件下的人工智能技术，前见为我们理解和解释现代技术及其可能出现的伦理问题开启了实现理解之可能性。面对人工智能是否已达到超越人类智慧的伦理困惑，围棋界和科技界人士都是基于各自的文化背景以及关于技术的个体经验对人工智能技术做出伦理困境分析。从根本上说，对现代技术伦理问题的理解，就是"倾听"前见的"诉说"，并通过我们的反思以一种新的经验方式继续展示并发展着。

最后，现代技术伦理的"前见"具有开放性。作为伦理判断与预判的前提，"前见"并不是消极的、僵化的、固定不变的，它们可以在现实的技术实践中结合具体的技术境遇得到进一步的修正、补充和发展。传统作为"占有"我们的"前有"境域，是被给予的，这种被给定性通过我们所接受的前见而得到证明。但传统也不是一成不变的，而是处于不断变化发展的过程之中。"因为我们理解着传统的进展并参与到传统的进展中去，从而也就靠我们自己进一步规定了传统。"[157]也就是说，在历史的河流之中，不同时代的人在不同的传统之流的不同河段拥有自身独特的历史性和先入之见，并以此为契机在新境遇的诠释中推进着传统。现代技术伦理的"前见"作为技术实践中与所要讨论的技术伦理问题相关的特殊视角或先行立场，是我们基于客观"前有"而形成的关于现代技术伦理的理解视域，它不是个人主观的产物，而是历史的产物；它不是个人的单独财产，而是属于整个历史。因此，当我们想理解异质性的伦理观念或当下的技术境遇时，要对技术实践中的诠释学境遇保持开放的态度，在一种不断进行新筹划的、动态的处境中审视"前见"，在充分把握道德现象的基础上，将现有的技术伦理原则和道德规范等关于技术伦理的"前见"置于现实的文化背景、具体的技术境遇之中加以理解，进而获得新的意义因素。比如，传统意义上我们关于隐私权的理解是个人的私人信息不被他人非法侵犯的人格权，而计算机和信息技术的发展使得作为隐私权屏障的时间、空间在很大程度上失去了意义。传统网络浏览器中的 Cookies 对数据的搜集侵犯了用户的隐私权，技术人员通过重新设计，将与知情同意相关的伦理价值与道德规范在浏览器中有效地体现出来，为隐私权增加了新的维度，保护了公众的隐私。随着时代的变化，大数据技术又使得"碎片化"的个人信息黏合起来，呈现出"合成型"的特点，具有了商业价值，隐私的价值化"使得告知与许可、匿名和加密等互联网发展初期的隐私保护技术失效"[158]，这就要求我们在大数据背景下修正对隐私权的理解，为大数据技术的健康发展保驾护航，这是一个需要不断进行新筹划和探索的过程。在这一过程之中，现代技术伦理的"前见"发挥着基础的导向作用，它并不是在大数据时代的背景下被彻底解构，而是在"前见"的时代化进程中规定了新的筹划的尺度，丰富了技术对于人的关涉，保证了伦理在技术发展中的及时参与，进而在"前见"对"前有"的激活中敞开为"前把握"的形式，以更加深入地参与个人隐私的建构过程。

3.1.3 现代技术伦理"前把握"要件的规定性

如果说社会历史环境、传统文化观念等影响现代技术伦理"前见"的因素确定了我们理解现代技术及其伦理问题的先行视角，那么最终以何种概念进行表述，则由现代技术伦理的"前把握"活动所规定。"前把握"是理解之前的各种"预设"，任何理解活动都包含某种先在的预设。现代技术伦理的"前把握"是我们理解和解释现代技术及其伦理问题的一种形式的前提条件，意味着我们学会了怎样思考和处理某一伦理问题，规定着我们理解超验事件的可能性以及规避技术风险的可行性。尤其在复杂现代性的语境之下，"前把握"越丰富，预设的后果越多，就越能将技术实践、创新的风险降到最低，越能体现安全性，越能在安全性的基础上建构技术的正义、公平。现代技术伦理的"前把握"一方面使我们理解超越人类日常生活经验的现代技术成为可能，另一方面使我们对现代技术及其无法预知的后果保持敏感，避免故步自封或随波逐流。随着理解的深入，我们的理解经由完全性的"前把握"这一预期而得以修正，进而达到对现代技术及其伦理问题的理解。

解释奠基于一种"前把握"之中。所谓"前把握"，即理解和解释活动赖以实现的概念方式，"解释可以从有待解释的存在者自身汲取属于这个存在者的概念方式，但是也可以迫使这个存在者进入另一些概念……无论如何，解释一向已经断然地或有所保留地决定好了对某种概念方式表示赞同"[153]。也就是说，当我们无法直接从存在者自身获取属于它的概念方式时，我们可以通过与存在者相关的其他概念方式对其进行把握。无论采用何种方式，这些概念在解释性的理解出现之前抑或最终地或者暂时地被假定，它们都是理解得以可能的条件。现代技术的解蔽本质所呈现出的量化构造的后果是使现代技术逐渐超越人类日常经验的生活世界，因此需要将现代技术"转译"成生活世界可以感知的东西，比如图像、模型或数据等，以利于我们理解现代技术所解蔽的对象。比如纳米技术研究纳米尺度内材料的性质和应用，它所涉猎的微观领域已远远超出人类经验所能达到的范围，这就需要借助于图像和模型将纳米技术转换为人类经验所及的概念方式，进而间接地对其进行把握。类似的还有现代脑科学利用信息技术将脑信号直接转换成语言，或者利用脑成像技术使我们"看到"活体脑的内部。在日常生活中，针对日益严重的环境问题，对于看不见、摸不着的细颗粒物，我们现在可以通过一些手机应用程序所显示的PM 2.5数值来判断空气污染指数等来实现"把握"。通过"迫使"超越人类经验的现代技术进入运用常识思维可以认知的概念方式（比如图像、模型或数据等方式），我们间接地获得了对现代技术的"前把握"，这使我们对现代技术及其伦理问题的理解得以可能。

真正的理解需要一种完全性的前把握。完全性的前把握预先设定了一种内在的意义统一性，我们的理解也是经常地由这种先验的完满性的意义预期所指引。只有当这种完全性预期的试图失败时，我们才对所理解的东西产生怀疑，并力图用其他的方式进行补救。因此，完全性的前把握可以使我们对理解的其他可能性保持敏感，进而避免盲目的崇拜或彻底的故步自封。面对日新月异的现代技术，比如基因技术、纳米技术、信息技术等，我们首先总是遵循现代技术的完满性的前提条件，把这些技术及其给人类生活带来的积极作用认为是真的。只有当基因编辑拷问人类本性、纳米颗粒破坏生态环境、大数据侵犯个人隐私等问题接踵而至时，我们才开始对原来的前把握进行怀疑，进而试图重新理解现代技术并寻找补救的方法。正如我们阅读邮件或者观看报道时，首先要把写信人所写的东西或记者所报道的东西认为是真的一样，如果我们没有假定它们是正确的，我们就没有理由怀疑自己意见的正确性，就会继续保持自己的看法并相信它们所述都是假的；反之，如果我们首先肯定它们是正确的，我们就可能对自己的见解加以怀疑，一旦这样，我们就可能放下自己原来的前提，并对它们和自己的见解都提出怀疑。前把握是我们理解过程中必不可少的先决条件，但它永远不会通过解释而完全取得，它总是一种"前把握"，而不是一种真理标准，它会不断地随着更深入的理解而被更多地修正，被更合适的把握所取代。现代技术伦理是对技术设计的合意性、技术实践的安全性、技术成果的公正享用等环节全方位的关涉。在技术实践活动过程中，现代技术伦理的"前把握"也要在敞开性的语境中，与时俱进地展开，即通过汲取既有的技术实践成果或经验教训等自觉地修正自身，以达到在具体的技术实践活动中最大限度地规避技术风险，使技术在应用过程中最大程度地实现"善"的预期。

3.2 现代技术伦理的"时空距离"

现代技术伦理的"时空距离"，指的是横亘在既有的伦理原则和具体的技术境遇之间的"时间距离"，以及衔接在不同文化背景下的多元主体之间的"空间距离"。从表面上看，它们似乎是阻碍我们理解的障碍，但实际上，它们是我们理解现代技术及其伦理问题的必要条件，具有积极作用。"时间距离"不仅能使具体的技术事件摆脱其赖以形成的短暂情境，过滤和筛选掉易导致误解的前见，还能促成真实理解的前见涌现出来，在具体的技术境遇下展示出筹划伦理问题的新的意义因素。"空间距离"是主体间进行沟通和对话的桥梁，可以促成不同背景下多维度的现代技术伦理观念在沟通中求同存异，即在尊重多样性的基础上通过对话达到理解。

3.2.1 现代技术伦理在"时间距离"生成意义

在西方诠释学史中，"时间距离"（zeitenabstand）的逻辑演进过程作为一条明显的发展脉络贯穿于内，并经历了从边缘到中心的地位转折。在历史主义和早期的一般诠释学那里，时间距离被看作理解的障碍而具有消极意义。在他们看来，时间距离使得历史传承物不断地被疏远和陌生化，要想达到客观的理解，就必须将自身置于当时的历史境遇，并以当时的历史视域来把握传承物。因此，时间距离是亟需被克服的消极的存在，施莱尔马赫和狄尔泰就试图通过"心理移情"的方式跨越时间距离的鸿沟。直到海德格尔从生存论的视角将时间性规定为此在生存论上的存在方式，时间距离才由"在以往的诠释学中全然处于边缘地带"转而"被置于突出的地位上"[131]，时间距离在诠释学创新意蕴上的积极意义才被开显出来。伽达默尔将时间距离视为"理解的一种积极的创造性的可能性"[131]，在他看来，理解不是对文本的简单"复制"，而始终是"生产性"的，这种生产性源自因时间距离而形成的新视域。正是在这个意义上，我们对现代技术及其伦理问题的理解才不是单纯地"复制"现代技术伦理原则、判断和经验，而是结合当下具体的技术境遇，通过时间距离的中介对现代技术伦理问题进行审视。其结果是，一方面使我们把促成理解的真前见与产生误解的假前见区分开来，另一方面使存在于现代技术中的真正伦理意义不断地显露出来。

时间距离作为衡量"前理解"的尺度，对既有的技术伦理原则和道德规范具有过滤作用，能剔除掉引发误解的"假前见"。在诠释学的意义上，时间距离的过滤作用主要体现在，与历史传承物处于同一时代的人不是直接参与了它们的形成，就是受到了其影响，更为重要的是，他们的见解和这些当代创造物之间具有一种"过分的反响"，而这些"反响"有时并不符合它们的真正内容和真正意蕴。因此，只有在它们同自身时代的所有联系都消失后，即唯有通过时间距离的过滤，其真正本性才能显现出来。比如，传统意义上我们关于交通安全的前理解是"靠右行驶"，而在新技术条件下设计的独墩桥在荷载偏心的情况下有倾覆的危险，因此，假设在严重超载的情况下仅靠司机遵循传统技术境遇中既有的"靠右行驶"这一"安全"准则，则可能会发生倾覆事故。哈尔滨大桥垮塌事件、江苏无锡高架桥侧翻事故都给我们留下了血的教训，因此需要根据新技术境遇下独墩桥的结构特点过滤掉不合时宜的信息，并根据新技术或新工程的特点增加新的伦理维度，比如，桥梁设计者要根据独墩桥自身平衡性差的特点充分预估技术可能的风险，谨慎考虑桥梁材料的安全系数，为独墩桥留出更大的安全空间；道路管理者要充分担负起审查车辆超载的责任，以避免类似事件的发生。在既有的技术伦理原则和具体的技术境遇之间看似不可逾越、阻碍理解的"时间距离"，其实是理解现代技术及其伦理问题的沟通的必要条件，它们具有积极因素。正如伽达默尔所言，"在时间距离没有给我们确定的尺度时，我们的判断是出奇的无能"[131]。因此，对于现实具体技术境遇中的理解者来说，时间距离是必需的，距离使得与现代技术伦理相关的伦理原则和规范摆脱了它们赖以形成的那个有限的和短暂的情境，并使得不符合具体技术情境的"假前见"被过滤掉。技术和工程的安全性问题是在具体的技术实践中发生的，它受诸多因素的影响和制约，包括时间、地点和参与者等，只有筛除关于实践中的技术安全伦理问题不合时宜的前理解，才能更好地掌握与技术共生、共处的基本实践本领。

而"时间距离"又是现代技术伦理意义创生的生长域，能在具体的技术境遇下展示出筹划伦理问题的新的意义因素。理解是此在的存在方式，其始源性在于作为理解的存在向着它自己的可能性筹划它的存在，并在筹划中被理解。因此，理解永远不只是一种复制，而始终是生产性的，这一生产性源自因时间距离产生的新视域和新意义，即指"新的理解源泉不断产生，使得意想不到的意义关系展现出来"[131]。在现实的技术实践中，时间距离不仅可以过滤掉现代技术伦理中那些不合时宜的、具有特殊性的伦理原则，也可以促进新的伦理因素浮现出来。以食品添加剂丙酸（propionate）的安全问题为例，最初的研究表明用于抑制霉菌生产的添加剂丙酸和人体自身产生的丙酸类似，因而丙酸顺利通过了FDA关于食品添加剂的审核，并被广泛用于面包等烘焙食物的防腐。而随着技术水平的提高和相关研究的深入，哈佛大学公共卫生学院的研究表明，这种外源性摄入的丙酸和人体自身产生的丙酸的作用机制并不一样，人体自身产生的丙酸不仅不会造成血糖和胰岛素的升高，反而对身体有益；而外来的丙酸在短期内会导致高血糖、胰岛素偏高等问题，如果长期摄入的话将会导致肥胖和胰岛素抵抗等更严重的症状。[159] 随着时间的推移，新技术条件下的研究成果不仅使我们重新思考丙酸对人体健康方面的影响，进而调整相关的食品安全标准，还可以推动关于其他添加剂是否对健康产生影响的研究。

可见，时间距离并没有阻碍我们对事物的真正理解，它没有一种封闭的界限，而是在现代技术的不断发展和扩展的过程中总结经验教训，在继承优秀成果、总结不良后果的时间展开中，不停展现出新的意义，并促成对现代技术的新的理解，进而使人们重新审视并反思现代技术的伦理问题。也就是说，现代技术伦理正是在时间距离"生产性"的意义上，在对技术实践成就与不足的不停总结中，展现出现代技术伦理的丰富性与更加多元的立体结构，才在技术伦理的"源流一体"中与时俱进地、更为包容地实现对人与自然、人与社会、人与人之间关系的正面关切。只有把时间距离理解为意义的"生长域"，意识到时间距离对消极的伦理规则的自觉过滤作用，以及对积极伦理因子的意义催生作用，历史时间才能成为现代技术伦理对话的对象之一，才能在深度对话中反思技术，实现技术发展史对当下的言说和照耀。在复杂现代性的语境下，这是我们应对高新技术发展所带来的技术风险的底蕴所在，也是在"过去—现在—未来"的时间维度中实现技术理性的真理维度和伦理道德的价值维度，在平衡发展中实现二者的深度融合。

3.2.2 现代技术伦理在"空间距离"存异求同

如果说连接着过去和现在的"时间距离"是理解得以可能的、积极的创生性条件，那么，横亘在自我和他者之间、衔接着多元主体间的"空间距离"也不是"张着大口的鸿沟"，而是对话的前提。易言之，"我与世界之间存在着时空距离，产生了理解和阐释的障碍，同时也保留着理解和阐释的可能性。"[160]这种理解和阐释的可能性取决于伽达默尔所倡导的在理解的过程中异于"二元论"的主体间性，主体间性是使理解者超越空间距离而实现沟通的桥梁。基于主体间性，空间距离可以促成不同背景下的多维度的现代技术伦理观念在沟通中存异求同，即在尊重多样性的基础上通过对话达到理解。

深受笛卡尔主义和启蒙运动的影响，一般诠释学把理解活动看作一种主体性的行为，即一种主体把握客体的认识方式，其任务是恢复作为历史世界内容的文件、人造物和活动所暗示的本来的生活世界，并如同他者（原作者或历史的当事人）理解自己一样地理解他们[161]。这种二元对立的"主体—客体"化理解模式，要求将自己置身于他人的思想之中，或者设身处地地领会他人的体验。在一般诠释学那里，空间距离被视为成见和误解的根源阻碍了正确的理解，因此解释者必须超越或摆脱自己和他者之间的空间距离。但伽达默尔却认为，理解是一种在主体间交互作用中展开的生存方式，是通过自我与他者之间的对话进行理解的过程，即"对于我们的实践情境、对于在其中如何去做的理解不是独白性的，而是具有对谈的特征"[139]。因此，理解的关键不是消除空间距离，即克服自身的特殊性向他者原意回溯，而是基于差异在对谈中实现自我与他者之间的沟通。

传统意义上的技术伦理侧重于强调理解主体的主体性而忽视了主

体间性，其关于技术伦理问题的解释实践大都从解释主体的角度出发考虑问题。比如在阅读相关的伦理案例时，要"扪心自问遇到这种情况时自己会怎么处理"[162]。然而，在全球化的背景下，现代技术的发展拉近了人与人之间的距离，世界变成了一个名副其实的"地球村"，现代技术在压缩时空距离的同时也促进了不同国家、民族和社群间的文化交流，人们对现代技术及其伦理问题的认知和理解呈现出多元化趋势。因此，在道德多元化的背景下，针对现代技术面临的伦理问题，仅仅从技术人员和伦理学家出发的主体性理解和解释是远远不够的，容易忽视伦理决策的复杂性。这是因为，与具体的技术实践相关的参与者不仅包括技术人员和伦理学家，也包括公众及其他相关行动者，他们共同构成相互依存的"行动者网络"世界，各行动者之间的文化及个体差异所导致的空间距离构成对话或沟通的基础。针对技术实践中具体的伦理情境，共同体成员之间要在尊重价值多元化的基础上达到理解。

近年来，与转基因技术相关的议题引发了社会各阶层之间的重视和讨论。"原本在科学共同体内部关于转基因作物是否安全的争论，早已被扩展到了整个社会语境中"[163]，进而演变成"挺转"和"反转"之争。"挺转"派认为，转基因技术风险可控，重在关注转基因技术作为一项重要的"育种工具"所具有的巨大的经济价值；"反转"派则认为，转基因技术风险不可控，重在关注转基因技术对人体健康和生物多样性构成的潜在威胁。两派争论的主体包括生物领域的科学家、伦理学家，以及作为利益相关者的政府、企业、普通公众和其他非专业群体等。因此，对于转基因食品安全的意义"揭示"，需要围绕各行动主体展开多主体的互动解释过程。一方面，在同一文化背景下，知识结构、价值认知和伦理诉求的不同，造就了关于转基因技术安全问题的不同立场，这就在空间维度中拓展了转基因技术的诠释张力。如果只是单纯地持有"挺转"或者"反转"立场，就会湮没其他的诠释空间或可能性。因此，"挺转"派和"反转"派的共同在场始终建立在适度的"空间距离"之上——过近则阻碍不同意见的产生，过远则制约争鸣或对话的可能。在这个意义上，"空间距离"为主体间性基础上的对话、理解提供了可能。虽然讨论和争鸣的开始表现得较为激进，多是一方力求"消灭"另一方。但随着讨论的深入，我们也看到了现代技术伦理在对话中深度展开的可能，即二者在相互争鸣的过程中，虽然都各抒己见并坚持自己的见解，但为了回应对方，需要通过寻求更为广博的知识和更为深层的理论架构来坚持自己的意见。这在一定程度上加深了彼此对转基因技术的认识，使得双方对于该技术的安全问题的讨论深入到人的生存层面。不仅从代际传承的角度展开多维分析，还从生态伦理的角度对生物多样性展开了更多的讨论，使现代技术伦理的理论空间得到了极大的延展。易言之，二者在相互对话的过程中，不仅深化了自身，更是极大地拓展了现代技术伦理的理论空间。"挺转"和"反转"之争给现代技术伦理诠释张力的拓展和触角的延伸所带来的贡献，比争鸣的结果本身所呈现的意义更加重大。这也为我们在更大的"空间距离"中建构现代技术伦理提供了路径，即通过深度的对话和争鸣，力争在技术全面使用之前就对这一技术中可能存在的伦理问题进行全方位的展开，力求把技术在社会实现环节中可能存在的风险降至最低。

与此同时，不同的文化背景会呈现出更大的"空间距离"。以不同国家之间就转基因食品安全问题的立场分歧为例，美国科学家、商业机构和政府主张采用举证排除法，即凡是没有证据表明转基因食品对健康和安全构成威胁，就可以接受它们；欧洲的态度则较为谨慎，由于欧洲环保组织或生态组织的宣传，以及一些小型农场主和消费者的抵抗和指责，欧洲民众认为，在弄清楚转基因食品的安全性之前，应当对推广和食用转基因食品加以规范；非洲国家则坚定地拒绝转基因产品，原因之一是转基因技术这种新技术系统所带来的各种成本投入是小型农场主难以承受的，转基因产品的引入会损害小型弱势农场主的利益和诉求。[156]从不同国家和地区对于转基因产品的立场可以看出，正是由于空间距离的存在，才使我们有足够的视野正视本土性技术伦理问题。在"空间距离"中，由于政治、经济、文化、传统不同，各个国家在使用某一技术成果时对其安全问题的认知和评估也不一致。针对有争议的技术，各个国家的伦理立场会在"空间距离"中生成一种自发的调节机制，或表现为柔性的缓冲，或表现为较为激进的禁止。这也正是"空间距离"对现代技术伦理的"过滤器"作用，那些在文化、经济、生活观念等层面不能实现本土化的技术，会在传统的生产方式、生活方式、思维方式与现代技术的张力关系中形成缓冲地带。所以，现代技术伦理的应有维度之一，就是尊重处于不同文化背景、不同生产力背景下的人们对新技术的认同，实现求同存异。

此外，"空间距离"也能在现代技术伦理的生成过程中发挥"生长域"的功能。各个国家或地区之间生产力发展水平的差异造成了技术发展的"势能差"，有的国家或地区掌握了先进的技术，但由于各种条件的限制，一时不能在全世界范围内共时性地普遍运用。但技术发达国家或地区在技术运用过程中关于技术伦理问题的讨论，多数会以人类共同成果的形式实现共享。这对于技术欠发达国家或地区而言是可供利用的资源，即对于技术发达国家或地区在技术运用过程中的阵痛，技术欠发达国家或地区在技术建构的过程可以通过合理的借鉴来克服和扬弃。在某种程度上可以说，其他国家或地区的经验至少提供了一种可以规避风险、保障人们生命安全的可能性。同时，在本土创造的视角下，也为技术伦理先于技术提供了可能，即在技术伦理相关问题的介入下，更具实践智慧地展开本土技术的建构，为技术的改良和健康发展提供了可能。一言以蔽之，现代技术伦理的空间距离不是某种具有消极意义的、必须克服的东西，而是现代技术伦理多元主体间对话或沟通的必要条件，并发挥着"过滤器"和"生长域"的功能。对新技术伦理意义的揭示，需要技术实践中各行动主体间展开互动解释，这不但可以使我们在理解的过程中突破个体伦理认知的有限性和暂时的规定性，还可以通过主体间的对话在更高的层次上揭示新的意义。

3.3 现代技术伦理的"效果历史"进路

如前所述，理解的前结构是作为此在的生存论环节之理解所固有的，它是使理解得以可能的必要条件并不可避免地渗透到理解之中。唯有通过时空距离，才能过滤构成这种具有特殊性质的理解之"前结构"，剔除那些使人们产生误解的"假的前见"，并不断生成新的具有创造性的意义因素。效果历史则是前见经过时空的过滤器筛选后所创生的积极因素在当下生活世界的现实呈现。理解的过程则是我们和效果历史不断"照面"的过程，真正的理解"只能靠对把认识的主体及其客体连在一起的效果历史的语境进行思考才能获得"[164]，"理解按其本性乃是一种效果历史事件"[131]。易言之，所有事物的意义都会处于特定的效果历史之中，对任何事物的理解，都必须同时尊重其历史性。唯有此，"它才不会追求某个历史对象（历史对象乃是我们不断研究的对象）的幽灵，而将学会在对象中认识它自己的他者，并因而认识自己和他者"[131]。

效果历史理论突破了历史客观主义主客二分的认知模式，将历史对象看作"自己和他者的统一体，或一种关系"[131]，要求我们在历史之中理解历史，同时也是创造历史。传统意义上的技术伦理的朴素性和局限性就在于没有进行效果历史的反思，并由于相信自己外在主义的处理方法而忘记了自己的历史性，暴露出个体性、教条性和滞后性等局限。现代技术伦理的"效果历史"进路就是以历史的、动态的、情境的、发展的视角审视现代技术的实践过程及其引发的伦理问题，把对技术伦理的反思从外向型的"技术评估"转向内向型的"技术伴随"，即从技术设计开始"伴随"技术发展的始终，彰显其整体性、情境性和前瞻性。技术伦理不是要一味地抡起伦理的大棒对技术进行批判或拒绝，而是要考虑如何在技术的发展中起到塑型作用，即"如何塑造人与技术之间的关系——这正是人类生活的核心特征"[165]。换句话说，技术伦理要从"人—技术—世界"这一"多元稳定"的关系统一体出发构建一种动态的、健康和谐的人—技术关系。

这种以人类生活为核心的建构与健康和谐的人—技术关系涉及的首要问题是：技术本身是在主客二分的历史范畴下形成的，那么，在主客统一的现代范畴下，如何重建现代技术伦理的"效果历史"进路？在现代的语境下，要实现这一进路，首先要尊重但不盲从文化和生活传统，在"创造性转化"和"创新性发展"中将西方的理性智慧与中国的和合智慧有机结合。对于现代技术伦理"效果历史"的照耀，需要充分激活被包含在历史语境中的活的因子，以此作为技术实践的自觉，实现"通过技术来表征历史，通过历史来照耀技术"的自觉建构，实现历史中的伦理道德因子对技术世界的观照，进而形成"人—技术—世界—历史"的建构。也就是说，人并非简单地通过技术来把握世界，而是通过被效果历史照耀的技术来更具本土视野地观照世界。正是在这一建构过程中，历史被激活，即从僵化的时间实体变为实现的过程，传统中活的伦理道德因子在当代技术实践中更加鲜活地存在，历史也因我们的技术伦理践行而表现为对未来无限开放的态势，这就是现代技术伦理"效果历史"的总体化概览。其进路是打破技术伦理"外在主义"的遮蔽，实现"内在主义"的展现，最终实现现代技术伦理在"效果历史"中的朗照。

3.3.1 效果历史在"外在主义"中的遮蔽

作为"对'精神科学'基础进行思考的最高成就"[166]，效果历史概念不是产生于历史研究的方法论，而是得益于对历史研究方法论的反思。囿于传统形而上学所持的主客二分立场和自然科学认知方法论的影响，历史客观主义将历史视为纯粹的客观化对象，把历史研究局限于客观再现历史事件的致知性活动，并从中勾勒出历史发展的链条。为此，施莱尔马赫引进"心理移情"方法，试图以消解主体历史性的方式弥合因各种距离所造成的偏见和误解，以实现对客观历史的还原，这其实是一种消极意义上的历史客观主义，根据它的批判方法，"把历史意识本身就包容在效果历史之中这一点掩盖掉了"[131]。历史客观主义虽然从根本上消除了与过去实际接触的主观的任意性和偶然性，但同时也否认了支配它自身理解的非任意的根本性前提，比如传统，所以也就达不到真理。技术伦理的传统进路主张运用伦理原则和规范约束技术，侧重于关注技术发展的负面后果而不是其内在动力，是一种有关技术的"外在主义进路"[167]。这种外在主义进路的技术伦理囿于自身的生成语境，在简单技术语境中将对技术后果的确定性寻求逐步发展为对技术后果的单向度重视。但是，在新时代的技术语境下，现代技术的超验性、后果的不确定性、伦理滞后性等问题已经远远超出外在主义的适用范围。如果我们仍以外在主义的惯性思维方式处理新时代技术语境下的技术实践，则无法继续有效地应对可能出现的技术风险。所以，外在主义就体现为将自身封闭在历史之中，无法最大限度地朝向现在和未来开放，无法彰显效果历史的流动性，技术伦理也无法在新时代的技术语境下全方位地展开，伦理原则在外在主义中只能映照技术结果，而无法映照技术的全过程。所以，就技术的前期准备和中期实践阶段，效果历史本身在现代技术伦理的语境下体现为局部的"遮蔽"，效果历史也表现为技术结果的效果历史，也就是在技术后果发生之后才开始逆向反思技术，遮蔽了效果历史所主张的在历史中关涉"自我—他者"关系统一体理念在其中的影响，其背后的形成机制主要是主客二元论的思维惯性在发挥作用。

外在主义进路受近代笛卡尔式的二元论的影响，将技术人员视为伦理决策的主体，忽视了现代技术伦理决策的复杂性，忽略了与现代技术实践相关的公众、政府、企业、伦理学家等其他共同体之间的互动；将技术视为可供我们研究的客观化对象，忽视了技术作为"人—技术—世界"关系统一体的一环对自然、社会、人的身体甚至精神等方面的塑造作用；过于关注技术造成的负面后果，忽视了技术中蕴含的"伦理意向性"[168]。在二元论中，主体与客体之间、文化与自然之间、人与物之间的关系是相互独立且严格二分的。能动作用大多被认为是与"人"有关的事情，只有"人"才具有自由的意向，而"物"的世界与道德是没有关系的，更没有"道德能动作用"[169]。这样一来，人的主体性就从"人—技术—世界"的关系整体中凸显并抽离出来，走向了技术的对立面。技术伦理理论中的义务论进路和后果论进路就是这种二元对立思想的典型代表。义务论进路的核心是主体意志对伦理原则和道德规范的遵循，强调道德决策源自主体内在的道德判断而非外在环境的影响，侧重于关注技术人员的社会责任。而现代技术系统的复杂性使得"责任"的范围发生了改变，从以技术人员为核心的"个体责任"转变为技术活动共同体成员（包括公众、政府、企业、伦理学家等）之间的"共同责任"。后果论进路的核心是外在的技术后果对道德规范的影响，试图通过对技术外在的客观后果评估来寻找道德决策的依据。而现代技术活动所造成的社会后果具有累积性和不确定性，从技术后果出发的后果论进路无法切实有效地解决问题。

外在主义进路的技术伦理理论针对总体上遵循因果律且能够由人操纵的、确定的、可见的传统技术发挥了一定的作用，这是因为传统技术没有超出人类经验的范围，它刺激着人的感官，"可以被感受到的危险是明确的"[170]。然而，随着社会的发展，新时代背景下"文明的风险一般是不被感知的，并且只出现在物理和化学的方程式中（比如食物中的毒素或核威胁）"[170]。比如，在纳米技术的开发和应用过程中，由于对纳米技术的毒理学研究滞后，因此，无论在实验室还是在生产车间，人们都没有及时对纳米颗粒浓度的健康安全标准进行评估，已造成纳米产业工人的患病与死亡等事件。[171] 面对超越人类经验感知范围、技术后果不确定的现代技术，传统的基于主客二分的外在主义进路在解决技术所产生的伦理问题时显得捉襟见肘，并呈现出片面、保守、滞后的局限性。如果在技术化的生活世界中，伦理的反思总是落后于技术发展的步伐，总是在后果发生之后才开始反思，那么人类社会就会陷入无法救赎的风险社会，甚至以技术文明的方式动摇人类文明的根基。

此外，外在主义进路的技术伦理将其任务规定为运用伦理原则和道德规范解决技术问题，侧重于对伦理原则和道德规范的客观再现和"应用技巧"，忽视了各技术行动者的情境性，容易使伦理原则和道德规范沦为"精致的"修辞手段，陷入教条主义的窠臼。外在主义进路的技术伦理侧重于从外部关注技术所造成的负面后果，对技术发展的要求仅限于不违反既有的伦理原则和道德规范，不给人、自然和社会造成伤害。因此，既有的伦理原则和道德规范具有绝对的权威，即使面对直接运用原则或规范出现冲突的情况，也通常会采取一种所谓的功利主义的做法，即采取那些最主要的、最好的且伤害最小的策略，这样一来，伦理原则和道德规范就缩减为粉饰各种利益合法化的工具。然而，现实技术实践中的问题往往在于在缺乏"价值位阶（hierarchy of values）"标准的情况下，我们无法确定哪种策略可以导向最高等级的价值。[89]如果仅仅局限于主体决策或客观后果，无视具体技术实践中的情境（包括历史背景、物质条件、文化传统等）对道德现象意义生成的影响，我们就不能综合地权衡各价值之间的利害得失。

正如海德格尔所言，"任何认识都离不开情境，因为情境所生的东西是无法替代的，本质的东西永远是浸透在现象里、活在现象情境里的"[172]。比如，如果脱离情境，"我们无法评估遭网络技术威胁的传统知识的文化价值，无法评估被计算机技术重构的传统人际关系的社会价值"[134]。因此，既有的伦理原则和道德规范作为先在的道德观念，需要在技术实践所处的历史、文化背景下加以批判的理解，并经过时空距离的过滤创生出新的意义，以迎合新时代技术的挑战。从技术的负面后果出发，脱离了活生生的生活世界，并以消弭时空距离为己任，单纯追求客观再现伦理原则和道德规范的外在主义进路，则很难随着技术实践和社会的发展而做出相应的改变，在割裂与现实生活之间联系的同时，也丢弃了自身随着理解的深入不断展现出来的、基于传统而又不囿于传统的丰富的意义，陷入固定甚至僵化的教条主义。

3.3.2 效果历史在"内在主义"中的绽现

为了较好地克服传统的技术伦理关注技术发展过程的后果的外在主义困境，荷兰技术伦理学者普尔和维贝克提出了一种关注技术发展内在动力的"内在主义"进路，即扬弃了对技术负面后果的外在主义观察，转向对技术发展的内在主义的经验性观察，并把设计的动态过程考虑在内，继而探讨这一语境下所产生的伦理问题。[89]内在主义的研究进路不是仅仅把技术当作伦理反思的对象，而是注意到技术在人与世界关系中的"中介"角色，考虑到技术自身作为人与世界之间的中介对人的行为的塑造和调节作用，关注技术使用的情景，在技术设计中将不同时空背景下所公认的价值因素考虑进来，与效果历史所关涉的主客统一性、情境性和历史性相契合，体现为"人—技术—世界"的历史性的凸显。与外在主义只重结果呈现不同，内在主义则是更多地倡导将历史语境中重叠性较高的价值选择内化为技术实践的自觉，并且将这种自觉渗透在技术的目的设定、原理构思、方案设计与试验鉴定等各个环节，将历史中主流的价值观念内化在整体化的技术实践之中。正是在这个意义上，效果历史的星辉在内在主义进路中初步绽现开来，呈现为对技术"中介"的确认、对技术情境的"深描"以及对时空距离的正视。

第一，对技术"中介"的确认。在人与世界的关系中，技术不是为满足某种需要或解决某种问题的、中性的对象性工具，而是一种具有能动作用的"中介"。在技术"居间调节"的作用之下，人的知觉、行为和生活方式都得到了重新的塑造。无论是唐·伊德的"后现象学"所揭示的技术在人的知觉层面"放大"或"缩小"的中介作用，还是拉图尔提出的"行动者网络理论"所强调的技术在人的行为和生活方式层面"塑造"的中介作用，抑或鲍尔格曼的"焦点实践"理论所主张的技术在人的存在层面"建构"的中介作用，均在不同侧面确认了技术的中介角色。在技术的"居间调节"下，"人—技术—世界"各要素之间呈现为相互关联、彼此影响的关系统一体。在"人—技术—世界"关系统一体中把握技术是对主客二分的认知模式的扬弃，也是效果历史绽现的第一步。只有了解这一点，才能对技术实践中的具体伦理问题做出准确、全面的分析和诠释，从而通过影响技术人工物的设计和使用过程来前瞻性地预防技术的负面后果，以期通过"伦理的前置（front loading of ethics）"[173]作用于技术的实际发展和设计来预防和应对技术应用后出现的伦理问题。比如，米切姆主张的"考虑周全的责任"，以及维贝克倡导的"道德物化"均考虑到技术作为"中介"对人与世界的价值导向作用，在技术实践之初就将伦理道德内化进去，从而在技术实践全过程都能凸显道德因素，这就将技术设计与伦理元素充分结合起来，以规范人的行为，并影响人的决策。以上主张都是"克服外在主义滞后性，彰显内在主义优越性"的成果探索，其共同主张都是在技术实践的源头处，在兼容、平衡的愿景下，使伦理积极介入技术实践的全过程，以规避外在主义进路在技术酿成不良社会后果之后才逆向反思技术实践的弊端。

第二，对技术情境的"深描"。在具体的技术实践中，内在主义进路把技术的物质结构与意向功能——技术的设计场景与使用场景——联系起来，即通过对技术自身及其发生或置身的历史背景、文化传统等的描述，在真实、自然的生活世界中把握技术及其道德影响。换句话说，就是充分考虑到情境对技术实践的影响，基于情境对已有的技术设计做出必要的调整，提高其对人与社会的影响力和塑造度，使技术向着善的方向发展。此外，除了考虑历史文化等现实情境对技术实践的影响之外，还可以利用技术手段对虚拟情境进行模拟，以应对技术设计在安全、有效、道德等方面的复杂性和不确定性，增强技术人工物道德导向的完备性和准确性。比如，针对某一具体的使用情境，通过虚拟技术创建出一个或多个可能的、有意义的情境，进行"情景模拟"，即在技术设计转化为现实产品之前，利用虚拟技术创造的虚拟空间对产品可能被使用的方式以及未来会出现的结果进行预先观察和测试，以捕捉更加全面的信息，完善设计情境，进而设计出更好的产品。[169] 虚拟情境是对现实情境的必要补充，现实情境是虚拟情境的现实基础和最终归宿。脱离了现实情境，虚拟情境就变成虚无缥缈的空中楼阁；缺少了虚拟情境，现实情境就变成形单影只的个人独奏。二者共同影响着伦理道德对技术的"内嵌"，进而完善技术人工物在伦理导向方面的作用，通过引导和调节人的行为促进道德行为的实现。

第三，对时空距离的正视。"当我们的世界发生变化时，我们发现那种适合于原有环境的东西不再有益于我们在新环境的生存。没有一套标准能够给我们关于在所有的环境中我们应该如何行动的单有一种解释的回答"[174]，认识到技术应用后果的不确定性和时空距离无法消弭的影响，内在主义进路不再像外在主义进路那样把伦理道德看作对技术活动的外在监督而退化为在技术语境中的应用技巧，而是将研究重心转向技术的内部设计；内在主义进路不再追求伦理原则对技术情境的客观符合，而是致力于将伦理道德"嵌入"技术内部，以期通过"道德物化"消弭不同历史、文化背景下与多元主体间的"距离"来促进道德行为的实现。在技术的设计过程中，杰斯莫（Jelsma）提出用"道德铭刻（moral inscription）"的方法来综合人的行为与传统之间的联系，他认为人的行为不仅来自"态度、价值观和意图"，而且"体现在习惯和惯例之中"。弗里德曼的"价值敏感设计"将伦理道德和技术设计结合在一起，不仅通过把普遍的伦理原则纳入技术设计的过程来实现伦理原则的具象化，还将"不同时代背景和文化传统中的人所接受和认可的价值因素都考虑进来"[175]，以提高技术实践的道德规约性，并增强伦理理论的实践有效性。

内在主义进路超越了外在主义进路所面临的困境，摆脱了"主客二分"的认知模式，技术不再是仅仅满足人类需求的客观化工具，而是人与世界之间的重要"中介"。这一中介使"人—技术—世界"构成互相关联的关系统一体，在这个统一体中任何一个环节的改变都会波及其他环节，将伦理道德"置入"技术设计，以"道德物化"的形式根据不同的技术情境重塑"人—技术"关系，进而实现技术伦理的道德教化，继而从道德伦理的客观符合转变为道德行为的自觉实现，效果历史的力量在内在主义进路中初步绽现。正如伽达默尔所说，"凡在人们由于信仰方法而否认自己的历史性的地方，效果历史就在那里获得认可"[131]。不过，按照技术中介理论，技术在人的知觉和行为中除了具有"放大"和"激励"的作用，也有"缩小"和"抑制"的可能性。也就是说，技术可以被用来积极引导人们的道德行为，也可以被用于不道德的意图，如何预防"不道德"的道德物化是内在主义进路亟待解决的问题。此外，内在主义进路也挑战着人的自由意志，如果人的道德选择都由技术本身规制或决定，那么人的自由意志如何体现？人的主体性何在？"人之为人"的根基何在？[176] 作为理解活动的一个重要因子，效果历史意识可以使我们更好地理解我们自己，使我们在把握自身存在的同时提升对自我的理解和认知，并在此基础上催生出与技术和合共生的理念，进而推动技术的健康发展。因此，需要进一步澄清现代技术伦理的效果历史进路，关注技术实践中"人之为人"的根本，构建一种德性的技术并消解技术中介在价值取向上的"二律背反"。

3.3.3 现代技术伦理在"效果历史"中的朗照

历史之所以能够成为历史，依赖于它所产生的"效果"，而这种效果始终是我们所理解的历史之效果。我们由于在理解历史的过程中事实上也重新规定着历史，因而对历史也产生着某种作用，即效果。因此，效果历史就是历史经过时间和空间过滤后所生发的积极因素在当下生活世界的现实呈现，是历史的现实生命力。但这并不是说效果历史的存在依赖于我们的意识，恰恰相反，效果历史的力量并不依赖于我们对它的承认，"不管我们是否明确意识到，这种效果历史的影响总是在起作用"[131]，技术伦理的外在主义困境就是对效果历史不可辩驳的证明。现代技术伦理的效果历史澄明，就是对现代技术伦理的效果历史反思，即在"人—技术—世界—历史"的关系统一体中，在历史的、动态的、情景化的技术实践进程中认识人与技术之间的关系，以超越外在主义进路的局限，吸收内在主义进路的优势，进而发展一种具有整体性、情境性和伦理前瞻性的技术。也就是说，任何时期的具体技术伦理都是历史性的范畴，任何时期的技术伦理都沉淀在历史中，并非固化的历史实体，而是作为动态性的活的因子在不同历史时期共同映照着当下，这种映照使历史成为现代技术伦理建构的资源。也只有在效果历史的朗照中，现代技术伦理的主体才不仅仅是技术各个环节的记录者，更是在历史中活的因子下主动明确自身的使命担当，主动通过自身的历史视角参与现代技术世界的良性构造，使历史中的伦理意识作为"积极的效果历史意识"外化为技术实践的能动性，实现现代技术关涉现实世界的实用性和联结历史中的伦理道德意识之间的和谐统一，或者说是让现代技术承载着"现实中仍然活着的历史"，使现代技术在效果历史的朗照下澄明为技术的"善用"。这种善用就体现为对技术实践中的具体情境的观照，以洞察伦理要求与技术实践之间的张力。

首先，效果历史意识是对诠释学处境的意识，要求我们关注技术情境的影响与作用。处境概念既表明了我们与历史的关联，又揭示了我们与历史的距离。其关联性在于，作为生存论意义上的在世之在，我们总是被抛掷于某种处境之中，处境意味着我们与历史的遭际状态，而效果历史意识要求我们意识到所有的自我认识和自我反思都必须从历史的先在给定的东西开始，这种先在给定的东西，"是一切主观见解和主观态度的基础"[131]。正如我们对网络信息技术中隐私的反思，是从传统的隐私观念出发的。然而，处境不是一成不变的，它永远处于变动之中，因此，"效果历史意识本身仍包含着某种距离因素"[166]。这种距离使得既有的伦理原则与现实的技术情境之间充满张力，既有的伦理原则无法囊括所有的技术情境，正如传统意义上以时空屏障为衡量依据的隐私权无法应对解构了时空屏障的网络信息技术对隐私权的侵犯问题。处境既孕育了我们进行伦理预判的前提，又看似是我们进行伦理判断或伦理选择的阻碍。

对处境的意识即是对伦理原则和技术实践之间张力的意识，只有认识到这一点，才不会盲目地将技术视作纯粹的客观化对象并试图从技术的负面后果出发寻求伦理道德对技术的教条性、过失性和追溯性约束。因此，"当我们力图从对我们的诠释学处境具有根本意义的历史距离出发去理解某个历史现象时，我们总是已经受到效果历史的种种影响"[131]。这些影响规定了我们不能把技术单纯地视为伦理反思对象，而要在"人—技术—世界—历史"的复杂结构中意识到技术作为"中介"所呈现出的伦理意向。通过关注技术的内在动力，打开设计过程的"黑箱"，在设计环节把技术置于伦理意向的境域之下，进而构建一种德性的技术。在技术设计的整个过程之中，把幸福、尊严、隐私、公正、安全、知情同意等人类价值全面而系统地纳入技术的设计之中[103]，用道德价值接管技术功能，使技术产品在使用的过程中就可以对人类行为进行调节和规范。这样一来，对技术伦理的反思也从外向型的"技术评估"转向内向型的"技术伴随"，即不是在技术的负面后果出现之后才去进行补救，而是从技术过程的源头开始就充分预测到技术在将来对人的行为和社会可能产生的影响或效果，在技术设计环节就通过对人和技术的伦理意向的考量而参与到技术的设计和生产全过程，"伴随"技术发展的始终。这种"技术伴随"的自觉，会在未来的敞开中表现为与历史呼应的"效果历史"，即把"未来"写进历史之中，在前瞻性的视域下实现对技术更加深刻的道德内嵌，促使技术从中立立场到善的立场的合理转化，进而使现代技术伦理在未来的"应是"图景中实现对历史人性关怀的呼应，在过去、现在、未来的时间维度中彰显出效果历史的总体性关切。

其次，效果历史实质上也是对人的历史性和有限性的意识。只有意识到自身的有限性，才会积极寻求历史中的智慧，并把历史视为动态中的生成，对自身敞开其意义。效果历史实现的场景必须是人与历史的共同敞开。人只有敞开，才不会进行霸权式的诠释，才不会执着于自身视域把历史打扮成自己需要的模样；历史只有敞开，才不会凝固为僵化的教条，才不会将自身的消极因素与积极因素强加到现代人身上。唯此才能在共同敞开中构建人与历史积极、动态的对话，把历史视为"仍然活着的过去"，通过"倾听"来实现效果历史对人的积极性言说。现代技术伦理作为关照"善"的价值，在效果历史的朗照下澄明，"倾听"历史是为了关切现在和将来，而历史中真理尺度与价值尺度的辩证统一也构成了技术和伦理的辩证统一，即从统一（过去）到对立（现在）再到统一（未来）。二者统一的效果历史呈现出现代技术伦理的实践智慧，二者分化的效果历史澄明出技术与伦理各自的理论空间，二者在生存论意义上的"合"不只是现代技术实践的自觉，更是所具有的历史空间、历史底蕴、历史逻辑仍在关涉当下的"合"，唯此才能推动现代技术伦理在"人—技术—世界—历史"中更具历史感和使命感地进行技术实践。

最后，效果历史还要求我们更好地理解自己，以发展一种远距离的、前瞻性的现代技术伦理。如果我们过于关注运用伦理原则解决技术问题的方法和技巧，而忽视对效果历史意识的认识，就无法把握现代技术伦理的真谛。正因为效果历史在起作用，即发生"效果"，所以理解的任务就不应该是对既有伦理原则和道德规范的盲目"复制"，而应该是一种"生产性"的努力，即结合具体的技术情境修正、补充和发展伦理原则。正如伽达默尔所言，"理解从来就不是一种对于某个被给定的'对象'的主观行为，而是属于效果历史"[138]。在确定的意义上，伦理原则和道德规范不是封闭的、固定的和僵化的教条，而是向我们敞开的东西，它是与我们进行着"对话"的另一方，通过"对话"可以孕育出新的意义因素，诸如在计算机信息技术中，把与知情同意相关的伦理价值和道德规范在浏览器中有效地体现出来，为隐私权增加新的维度。可见，新意义的展现显然并不等于机械的复制或简单的重复，而是一个新旧视域交融、拓展的过程。效果历史意识也是异质性视域之间碰撞的意识，它不是主客二分立场上的机械式意识，而是立足于主客间关联的动态、融合式意识，在这个意义上，现代技术伦理就不是一种僵化的、强硬的、不可改变的形式，而是一个视域不断融合的历史建构过程。在这个过程中，一切进入理解领域的诸视域在新的境域中持续和合地生长着，并在新的理解过程中不断被重新理解。

3.4 本章小结

本章沿着现代技术伦理的"'前有—前见—前把握'结构—'时空距离'—'效果历史'"的逻辑演进脉络，对现代技术伦理的自觉向度——"前理解"——进行了全面的分析，指出在现实的技术实践中，现代技术伦理的"前理解"奠基于一定的"前有—前见—前把握"结构，通过"时空距离"生成意义、存异求同，并在"效果历史"中达到澄明境界。现代技术伦理的"前有—前见—前把握"结构包括多维性的"前有"境域、导向性的"前见"基础、规定性的"前把握"要件。它们是形成理解和解释现代技术及其伦理问题的必要条件，为我们理解和解释现代技术及其可能出现的伦理问题开启了实现理解之可能性。现代技术伦理的"时空距离"指的是在既有的伦理原则、道德规范和具体的技术境遇之间存在的"时间距离"，以及在不同文化背景下的多元主体之间分别存在的"空间距离"。表面上它们看似是阻碍我们理解的障碍，但实际上它们是我们理解现代技术及其伦理问题的必要前提和条件，具有积极因素。"时间距离"不仅可以过滤和筛选掉招致误解的关于现代技术伦理的"假的前见"，还可以在当下具体的技术境遇下展示出关于伦理问题的新的意义因素。"空间距离"是主体间进行沟通和对话的桥梁，可以促成不同文化背景下的多元化的现代技术伦理观念在沟通中存异求同。现代技术伦理的"效果历史"则是前见经过时空的过滤器筛选后所创生的积极因素在当下生活世界的现实呈现。传统技术伦理的朴素性和局限性就在于，它没有进行效果历史的反思，并局限于自身的外在主义进路而忽视了自身的历史性，暴露出个体性、教条性和滞后性等局限。现代技术伦理的效果历史澄明，就是对现代技术伦理的效果历史反思，在"人—技术—世界—历史"的关系统一体中，在历史的、动态的、情景化的技术实践进程中认识人与技术之间的关系，以超越外在主义进路的局限，吸收内在主义进路的优势，进而发展一种具有整体性、情境性和伦理前瞻性的技术。

视域融合：现代技术伦理的"间性"澄明向度

前理解是形成理解的必要条件。人们要在与他者的沟通中扩充自身的前理解，以获取新的理解，在时空距离的"生长域"和"过滤器"的机制下，使得积极的、有益的前理解被保存下来，并在自身与历史传承物的统一关系中结成效果历史意识，以此达成"关系"中的持存。但是，理解活动还需要克服自身的片面性和局限性，这是因为，我们所置身的文化和传统的历史性与流动性，以及我们个体生活背景的差异性，都决定着我们具有彼此相异的独特视域，在现在与历史、自我与他者的多维视域融合中达成更大的视域。"视域融合"就是让我们彼此之间的视域相互交融，它不是使自己的视域消融在对方的视域之中，也不是使对方的视域受制于我们自己的标准，而是一种彼此视域向对方不断扩大且无限推移的过程。这是诠释学的普遍的理解过程。

就现代技术伦理而言，诠释学的介入旨在深度理解现代技术世界中的伦理问题，打破现代技术世界中"技术先行、伦理补充"这一生存论意义上的本末倒置，疏通"伦理自觉、介入技术"的践行之路，并探索其背后"何以可能"的诠释学话语。现代技术伦理的"前有—前见—前把握"结构规定了技术活动主体的独有视域，在效果历史中实现了自身伦理伴随的技术实践，并在自身的敞开性中让异质文化的他者进入对话语境，所以，现代技术伦理需要在"历史、现在、自我、他者"的多维视域中实现深度融合，即在技术目标设定、技术方案设计、技术决策以及技术应用评价等具体阶段，实现不同文化、价值、历史传统和习俗在理念上的相融共生，形成一个既同理又共情的更宏大的视域，以此面对复杂现代性语境下层出不穷的技术创新，在技术的发展尺度中彰显人的发展尺度，在复杂现代性的背景下实现伦理逻辑和技术逻辑深度融合，形成一种面向人类生活世界、用技术表征人的精神状况的现代实践智慧，进而在深度的视域融合过程中，使得技术活动中各自存在的、彼此碰撞的视域都将在所形成的更大的视域中被重新审视，以构建一种以生活世界为中心的视域互构共生的现代技术伦理。

4.1 现代技术伦理视域融合的节点

在技术实践的现实语境下，现代技术伦理的视域融合并不是随心所欲的，而是奠基于一定的节点或基础之上。这是因为，现代技术伦理的视域融合源自自我视域和他者视域的敞开，使得技术生活世界的共同体验、情感世界的移情共感和伦理实践的道德想象有着通达、对话、碰撞和融合的路径。其中，技术生活世界的共同体验形塑着人们在技术所构造的生活世界中的道德认知，孕育着人们对于现代技术的伦理诉求，可以催生出良性的现代技术伦理意识；情感世界的移情共感则是在人们感性认识的基础上发生的；伦理实践的道德想象则是基于理性对人之存在的现实困境突围的方向和途径。具体而言，在敞开的视域下，技术生活世界的共同体验是现代技术伦理视域融合得以可能的前提和基础，情感世界的移情共感是现代技术伦理视域融合得以开始的情感动因，伦理实践的道德想象是现代技术伦理视域融合得以进行的有效途径。从技术生活世界的共同体验到情感世界的移情共感，再到伦理实践的道德想象的过程，也是从体验到感性再到理性的认识论路径，三者彼此渗透，共同构成现代技术伦理视域融合的节点，为现代技术伦理视域融合的顺利展开奠定了基石。

4.1.1 技术生活世界的共同体验

现代技术伦理视域融合之所以可能的首要方面在于，技术活动中的所有参与者都分享着共同的"技术生活世界"。"生活世界"是现象学鼻祖胡塞尔率先明确使用的概念，本意是我们作为历史存在者生活于其中的历史世界，它与"科学世界"相对并以现实的、经验的世界为核心内容。本书借用胡塞尔"生活世界"的概念用以指称构成人的现实存在的一切条件，"技术生活世界"强调的是技术与"生活世界"之间特殊而显著的关系。从生活世界的角度看，技术是生活世界及其诸要素与关系的物象化[177]，它作为人超越自身的自由意志的纯粹主观性而成为客观现实存在的"中介"参与生活世界的构建，并为生活世界建构了一种秩序。现代技术已不是一种单纯的合目的的手段，"而是自然、世界和人的构造"[107]。在这个意义上，"技术生活世界"指的是技术所构建的生活世界，即技术对生活世界的浸润式渗透所构造的世界，它在现实世界的宏观层面和微观层面塑造着人们对被技术"座架"的生活世界的道德体验。这些奠基于客观的技术生活世界基础上的道德体验反映了现代技术对于技术实践过程中的行动者的道德影响，构成了现代技术伦理视域融合得以可能的前在基础。

从宏观上看，现代技术遵循技术理性所构建的生活世界追求的是量的普适性和计算的精确性。它在改变我们的存在方式的同时，也塑造着我们在生活世界中对存在的理解、对价值的判断和对道德的认知。比如，现代交通运输与网络信息技术改变了人们原先的时空观念；新型材料技术的广泛运用改变了我们对传统物质的存在形式和内在属性的认识；合成生物技术改变了我们对生命的理解；信息技术强化了我们对隐私的认知等。技术的持续发展和新技术的生活化构建，丰富了人们的物质生活，拓展了人们的精神世界，在某种程度上实现了人的感性解放，使人们在技术具身化的"共同体验"中获得快乐感、幸福感与优越感。比如，网络信息技术在生活世界中的运用，在"虚拟现实"的维度中给了人们以往世界从未有过的身心体验，其普遍运用又在同质性的向度中固化了人们的共同体验；新型材料技术以更加细腻的具身关系强化了人的主体属性，使人的感官在新型材料的具身化中极大地延伸了人把握世界、改造世界的能力；合成生物技术则从人的内部强化着人的主体属性，在生活世界中体现为一种超越自然人类的新型人类图景。现代技术对人和自然的深刻解蔽使得技术所构造的生活世界逐渐混淆甚至脱离了人类经验的真实感知，进而存在模糊人类由经验累积而来的价值认知和道德判断的风险。如果人们将自己的主体属性让渡给人工智能，将自己的决策交付给大数据计算，将自己的反应能力寄托于基因增强，那么，人们在传统语境中积累下来的伦理规范可能会逐步失去制约力。因此，"现代技术所引起的价值颠覆以物质质料变化为现象形态，以人的生存方式、生活世界变迁为实质性内容，它是一种存在本体论的根本性价值颠覆。它所触发的是本体论意义上的人无家可归之焦虑与恐惧"[178]。所以，我们要在"展望未来的回归"中，在对传统伦理的时代性转化与创新性发展中，解构这种"无家可归之焦虑与恐惧"。现实的窘境也就意味着，现实的理论资源不足以解决现实的问题，只有在对传统的"扬弃"式回归中，未来才能真正敞开。这种回归更是激活了我们在伦理世界中的"共同体验"，这是我们精神家园意义上的"前理解"，更是我们认知现实的理论资源。唯有实现伦理世界中"共同体验"和技术世界中"共同体验"的视域融合，才能从"感性实践"的高度上实现以技术发展来丰富人的发展。同时，在这个技术化的生活世界中，我们要依据各种新形态的"共同体验"，自觉地将人的伦理视域融入其内。在新技术的"感性体验"中，通过"人—技术—物质生活—精神世界"的立体化加工，实现精神世界对于技术生活世界的关切；在新技术的知识性、智能性的基础上，生长出个体性、精神性和道德属性；在新技术开拓出的更宽广的生活世界中，使创新在与时代精神视域融合的向度中生长出"负责任创新"；在新技术的运用中，依照"人民性"

原则最大尺度地实现公正和正义的社会建构；在技术改变人们的生产方式、生活方式和思维方式的过程中，通过技术生活世界的共同体验，建构一个合理有序的精神世界，使技术在伦理的制约下成为人的自由全面发展的有利条件。

从微观上看，在技术生活世界中，我们所有个体都分享着由技术人工物塑造的共同的生活体验，这些共同的生活体验使得技术人工物成为技术共同体各行动者之间视域融合的"聚焦物"。无论是技术专家还是普通公众，一旦还原到技术生活世界之中，都获得了对于技术人工物使用的基本的道德体验。尤其是信息技术在全球范围的广泛使用，为我们构造了一个全新的世界，它渗透到人类日常生活的方方面面，不但在根本上改变着我们日常生活世界的存在及交往方式，而且颠覆了现实生活世界的"实在性"，构建了一个与"现实世界"相对的"虚拟世界"，使现实生活世界呈现出"虚实二重性"。人们在享受虚拟空间带来的巨大便利和丰富体验的同时，也会从自身的个体境遇出发体验到网络信息技术的伦理问题，诸如信息安全问题、隐私泄露问题和数据鸿沟问题等。对这些问题的共同体验，在彼此交互的"共同视域"中实现了初级融合，并作为"凝聚的视域""共同的焦点"，为解决这些问题提供了新的契机。

在现实的技术生活世界中，虽然个体因为文化传统和历史背景的不同会有不同的道德体验，但这种不同只有程度上的差异，本质上依然分享对于技术"座架"所塑造的生活世界的道德体验，所有行动的个体都可以通过对于技术之于日常生活的道德体验进行对话，用狄尔泰的话来说，"对陌生的生命表现和他人的理解建立在对自己的体验和理解之上，建立在此两者的相互作用之中"[179]。据此，"技术生活世界"的共同体验作为一种前提和基础，使得现代技术伦理的视域融合得以可能。然而，技术生活世界的共同体验只是人们基于技术"座架"所塑造的生活世界的道德体验，而非对于技术自身的道德体验。充分技术化的生活世界，促使人们在技术具身关系的裹挟下更加生动、更加多元、更加立体地把握生活世界。但是，在技术生活世界的共同体验的层次上，人们关注的目光仍在于生活世界本身，对于生活世界背后的技术本身的审视多是处于无意识的状态。在技术专家、伦理学家的引导下，民众被唤醒的只是在介入技术前的道德体验，这种道德体验与技术本身的关联度不高，只是出于先验原则对技术做出的外在把握，没有从自身和技术的具身关系中激活相应的道德体验。这只是现代技术伦理视域融合的第一步，我们还需立足于对现代技术本身的道德考量，从内在的路径激活人在技术世界中的道德感以及道德实践自觉。

4.1.2 情感世界的移情共感

视域融合不仅需要客观上的技术化生活世界的基础，也离不开情感上的动因。即使技术生活的共同体验尚未使人们自觉认识到生活世界背后的技术"座架"作用，在情感世界的移情共感层次，人们也能从感性认识的角度认识到现代性视域下的生活世界背后的技术"座架"机制。在这个层面上，人们把关注的焦点从生活世界转向背后的技术"座架"，并将道德感从技术之外的道德评价转向对技术本身的道德认知，虽然这种道德认知只是个人主观的，但它也是技术伦理视域融合的感性基础。因为我们必须先有一种"愿意"和对方进行视域融合的情感产生，才会有进一步的视域融合行为，所以移情共感的能力成为现代技术伦理视域融合得以开始、不可或缺的情感动因。

移情共感，主要是指以同情（sympathy）和移情（empathy）为核心的情感，二者既有区别又有联系。同情，强调的是一种情感上的共感与呼应，侧重于情感的内化；移情，则是一种包含理解的同情，侧重于情感的外化。现代心理学家戴维斯对二者的关系进行了形象的说明:"如果亚当同情夏娃,则意味着亚当必须直接关心夏娃的福利;如果亚当移情夏娃,则意味着亚当将自己置身于夏娃的位置上,并从夏娃的角度来看待问题。"[180] 从理解的层面而言,同情是移情的基础,移情是同情的外在显现,在现实的技术实践活动过程中,二者共同构成了现代技术伦理视域融合的情感机制。

具体来说,同情乃是一种将自我与他者的视域调整到同一频道的过程,这种调整的根源在于人与人之间"可能只是由于某些方面有共同的知识结构、价值标准、思想方法,因而其部分视域相同,由此产生一定程度的同情和共识"[125]。同情强调一种彼此视域上内在的"共感",是促成理解的重要因素。只有当我们的行为能够呼应起彼此的共感,真实有效的理解才有可能发生。同情的产生,是异质性视域共同努力的结果。如果我们囿于自身的知识结构、价值标准和思想方法而无法尝试与他人的情感取得共鸣或一致,那么情感上的理解与认同就无法进行,移情更不可能发生。因此,对技术活动过程中其他行动者的道德情感和伦理处境的同情是技术共同体各行动者之间视域融合的情感前提。因为"那个与我的感受不同、也不能体会我的情绪的人,不可避免地会非难我的情感"[181]。因此,在具体的技术情境中,只有技术活动过程中的所有行动者都分有部分相同的视域,并愿意或乐意在寻找解决问题的可能途径的过程中进行视域融合时,技术专家、伦理学家、利益群体和公众才能就某一技术的伦理争议取得公平、公正、行而有效的解决方案。

对他人情感上的同情仅意味着我们将对方的视域纳入自己的视域并使之成为自身理解与思维的对象,而要进行视域融合,还需要使自己的视域"进入"对方的视域,即移情,"移情反应的关键要求是心理过程的参与使一个人所产生的感受与另一个人的情境更加一致"[182]。从词源学上来看，empathy源自希腊文empathos，其中，em意同in，pathos意同feeling，移情（empathy）的意思就是"进入"他人的情感。"进入"是移情最重要、最核心的部分，它不同于同情所谓的"融入"。"进入"并不是情感的移动，不是将自己沉浸在对方的情绪里，而是视域的移动，是将"看视的区域"从自身走向他者，意味着我们仍保持自身视域的完整性，而非消融在对方的情感或视域之中。所谓"移情"就是将自身的视域从自己移向对方，并将对方的视域变成新的要素纳入自身的视域。只有这样，我们才能在新的视域下看待问题，真正有效的视域融合才有可能得以进行。比如，在前文所述的"厦门PX项目叫停事件"中，如果政府不能将其所持的政治、经济视域转向公众、科学家和政协委员所持的健康诉求、生态视域，只是单向度地追求经济效益，并以决策特权压制公众、科学家和政协委员的价值诉求，那么，视域融合就无法达成，最终的合理解决也不可能实现。在这一事件中，政府作为技术决策者的角色，处于话语势能差的最高位置，通过敞开自身的视域，实现了上通下达；通过移情，走向公众的健康诉求视域和科学家、政协委员的生态视域；在共感中回归为民服务的初心，实现了更为健康的民生建设。通过此次交流，政府在与公众、科学家和政协委员的视域融合中，在决策时不是简单地否定了原先的方案，而是在更大的绿色发展视域、以人为本视域中拓展了决策的丰富性。

在具体的技术情境中，同情和移情不仅是技术活动各主体间视域融合的情感基础，还能为刺激和增强行为主体自身的道德直觉提供强劲的驱动力。这是因为，只有具有同情和移情能力的人，才有可能自发地意识到技术情境中的道德意义，并对其做出相应的理解和解释，不仅能设想将自己置身于他人的处境之中并与之产生情感上的一致性，还能将自己的视域移向对方的视域，并试图将对方的视域作为新的因素纳入自身视域，在扩展自身视域的同时形成了新的视域，进而从所形成的新的视域出发理解对方的处境，有助于人们意识到技术境遇中的道德意义，进而做出好的设计。比如，在阿姆斯特丹的史基浦机场的男士洗手间里，马桶设计者根据男士小便时喜欢寻找"攻击"目标的特点，在小便池里的排水口附近设计了一只苍蝇，从而减少了80%的尿液溅出。[183] 设计者之所以能做出这种有利于保持环境卫生的设计，原因在于设计者们从马桶使用者的视角出发理解其小便时的情绪，在与使用者产生情感上的一致性的同时，将这种体验融入设计之中，进而做出具有道德指引性的好的设计。正如美国学者罗伯特·所罗门指出的那样，情感决定并影响着人们的生活兴趣，凝聚并建构着人们的价值，具有导向作用地影响着人们的价值判断，从各个方面赋予生活以意义。[184] 情感层面蓬勃的感受力为技术共同体各行动者的道德判断、价值选择提供了原初动力，它作为一种情感节点为现代技术伦理视域融合的顺利进行提供了先决条件。

4.1.3 伦理实践的道德想象

活跃且积极的情感感受力作为意志动能为现代技术伦理中不同视域之融合提供了重要的先决条件。然而，面对具体的技术情境，尤其是在辨别、把握与理解复杂情境中某些驳杂的伦理冲突或道德困境时，则需要诉诸技术共同体各行动者对伦理实践的道德想象力，伦理实践的道德想象是现代技术伦理视域融合得以展开的有效途径。伦理实践的道德想象需要在理性的范畴下展开，在理性的关涉下，利他意识、道德良知、伦理观念、尊严意识也在与时俱进的语境中被建构起来。在技术化的生活世界中，人类对于生活世界背后的技术"座架"的道德审视需要在利他原则的统摄下建构起对飞速发展的现代技术的理性制约。利他原则意味着自身视域的敞开，将技术置于利他的伦理语境之下，意味着在彼此的敞开性呈现中实现技术建构生活与人在技术化的生活世界中的伦理建构之间的良性互动，在彼此的视域融合中展现为人类生活世界的应是场景。同时，从社会现实的层面上来说，我们运用道德想象力不仅可以通过"设身处地的想象"体验他人的道德感受，从其他行动者的视域或立场反思与评价技术实践的道德意义，缓解道德冲突，还可以创造性地思考现代技术面临的难题和带来的伦理困境，减少技术活动的社会风险。

道德想象力作为当代伦理学研究中一个具有挑战性的实践理性的概念，是一种"根据事物之能是（what could be）而具体感知所面临的事物之所是（what is before us）的能力"[185]。道德想象力具有情感和认知的双重属性。前者强调道德想象力主要体现为一种情感联结的能力，是情感顺利传达或联结的"移情投射"能力；后者强调道德想象力作为理性认知的能力，是一种"创造性地发掘情境中的种种可能性"[185]的能力。因此，存在着两种道德想象力，一种是移情的道德想象力，另一种是认知的道德想象力，这两种想象力不是彼此独立、互不干涉的，而是一个过程的两个方面，它们是"同时运作"的。具体而言，移情的道德想象力是一种从他者的角度出发的"设身处地的想象"能力，即个体通过移情想象，将自身置入他者的处境之中，从他者的立场出发体验其处境的能力。这样一种将自身置入或设身处地，并不是完全丢弃自己的立场，将自己完全移入他者的处境，也不是使他者的立场完全受制于自己的标准，而是把自己的立场或视域共同投浸在他者的处境之中，这在培养个体的道德感受力、缓和道德冲突、冰释道德冷漠等方面具有非常重要的作用。认知的道德想象力则与移情的道德想象力不同，它是一种"个体脱离自我、超越既定情境进行道德判断与道德选择的能力"[186]，凸显的是道德想象力创造性的理性认知能力，即"作为生产性的认识能力"[187]。这种认识能力将经验和理性结合起来，一方面，努力追求某种超出经验界限之外而存在的东西，从而具有客观实在性外表；另一方面，由于没有任何概念与这些作为内在直观的表象完全相适合，从而能使我们的思想扩大到无限的境地，为我们的行为选择提供了更为广阔的比较性视域。换句话说，认知的道德想象力可以帮助人们突破既定心智模式和既定情境的羁绊，创造性地发掘、评估和设想道德行为的种种可能性，"将道德行为可能产生之全部后果而不仅仅是直接后果呈现出来，使主体具有道德远见卓识；将那些处于遥远处或不在场的他者呈现为道德责任的重要对象，拓展主体道德关怀的范围"[188]。

首先，道德想象力作为一种"存在于人们心灵之中的、创造新生的道德力量"[189]，是以合乎道德的方式创造性地设想和呈现行为的各种可能性的思想盛宴，它为我们化解技术进步导致的伦理冲突、扩展个体的道德视域，以及获得正确的问题视域提供了可能。现代技术的超验性、累积性和不确定性等特质使得具体的技术实践和既有的伦理原则之间的冲突日益明显，要寻求一个能适应现代社会需要和调控人类社会行为的、具有普遍性的伦理原则和道德规范的期望似乎显得苍白无力。现实表明，解决这一伦理困境的关键并不在于寻找一个放之四海皆准、普遍有效的道德原则，而在于如何挖掘伦理原则和道德规范对于生活世界的引导意义。道德想象力作为衔接理论和现实的"中介"，可以帮助人们在抽象的伦理原则与现实的生活实践之间搭起沟通的桥梁，其关于道德情感的捕捉和道德直觉的认知以及对于技术行为可能性后果的前瞻性预示，都在一定程度上提高了我们对伦理原则和道德规范的解释能力，推进了其在现实的技术实践中的有效影响，增强了人们的道德认知能力。英国学者理查德·欧文（Richard Owen）提出的负责任创新"四维度"模型之预测维度中包含的"情景规划"（scenario planning）方法，就是对于未来要设想出有可能会发生的情形，也就是通过想象的方式预设会有哪些意外的事发生[190]，为未知的后果提供早期预警。

其次，道德想象力所具有的情感认知能力是对他者情感、思想和境遇等"设身处地"的"移情投射"，有助于激励人们从不同的视角对道德情境进行评估与审视，在增强自身的道德感受力的同时扩展了自身的道德视域。这意味着"我们学会了超出近在咫尺的东西去观看，但这不是为了避而不见这种东西，而是为了在一个更大的整体中按照一个更正确的尺度去更好地观看这种东西"[131]。从情感认知的层面上看，道德想象力其实是一种换位思考的能力，"即从不同的角度而不仅仅是我们自己的角度看待特定情境、特定问题或特定案例的能力"[191]，这种换位思考意味着将自身置于某个他者的处境之中，从他者的角度看待并思考问题。值得注意的是，这种自身置入是将自身的视域一起带入所要审视的处境之中，这才是自我置入的真正含义。也就是说，"通过我们把自己置入他人的处境中，他人的质性、亦即他人的不可消解的个性才被意识到"[131]，而这种对他者视域、抑或彼此相区别的视域的意识，乃是视域融合最基本的前提。唯有通过道德想象力的"移情投射"，对他人的情感与处境持有道德敏感性，才能够打破自我中心论的自拘性牢笼与经验世界的狭隘限制，才能够使人们的"道德感"克服个别性，向一个更高的普遍性提升，进而缓解道德冲突，冰释道德冷漠，增强现代技术伦理的实践有效性。

最后，道德想象力所具有的理性认知能力是超越情景界限的创造性想象，可以帮助人们突破传统视域的桎梏，从而进行开创性的思考，有利于人们获得正确的问题视域，"以便我们试图理解的东西以其真正的质性（massen）呈现出来"[131]。我们的理解从一开始就受到处境的限制，它规定了我们看视的区域，即"视域"，它既是理解得以可能的前提，又是理解继续展开的界限，"诠释学处境的作用就意味着对于那些我们面对传承物而向自己提出的问题赢得一种真正的问题视域。"[131]这种"真正的问题视域"的获得离不开道德想象力的助推，在理性认知层面，道德想象力是一种"在现实的境遇中探索行为的各种可能性，以预估所选择或执行的行为可能导致的有益的或不良的后果的能力"[192]，它使人们超越既定思维模式和情境的限制，促使我们以"有限理性"创造性地预测和把握行为的各种可能性，拓展行为选择的视域范围，不仅能够使人们从整体上把握和超越当下的具体情境，还能够通过对行为后果的综合性考虑和前瞻性预见帮助人们做出准确的道德判断。这种道德反思的形式类似于杜威所谓的"戏剧排练"，即在想象中对各种相互竞争的可能的行为方式的戏剧性预演[185]，与付诸实践、公开尝试过的行为不同，这种"想象中的尝试行为"是一种创造性的思想实验，其思维跑在结果前面并预见到行为可能产生的种种结果，进而获得正确的问题视域，做出更为恰当的道德判断。

可见，道德想象力是通过创新原则来建构未来，在想象的世界中力图对多重视域进行融合。针对道德想象力视域融合的先验成果，需要在实践中进行检验，开启道德想象力的"经验转向"。而这种转向，正是由技术人员的道德想象力开启的，他们使技术被关注的重心从先验的、抽象的道德制约转向具体语境中的道德实践，融合了实践的视域和道德的视域。通过总结经验和建构适度的道德想象力，提升技术人员的道德素养；通过先验的演绎原则，增强技术人员对行为后果的情感体验；通过把技术逻辑和人文逻辑的视域融合在考虑周全的平衡关系中，减少技术活动造成的社会风险，在体现技术发展尺度的同时，彰显了人的发展尺度。

4.2　现代技术伦理视域融合的维度

现代技术伦理的视域融合在历时态和共时态两个维度上展开。历时态维度的视域融合处理时间维度上既有伦理原则与具体技术情境之间的视域冲突；共时态维度的视域融合处理空间维度上多元主体间的视域对抗。

4.2.1　现代技术伦理视域融合的历时态维度

现代技术伦理视域融合的历时态维度，指的是以纵向的时间维度对现代技术伦理的不同视域进行审视，处理时间距离导致的视域冲突。这种冲突与现代技术超验性、后果不确定性以及伦理滞后性的当代特质密切相关，是现代技术活动过程中技术价值相关者关于既有价值原则的认知、选择与具体技术实践中的现实价值之间的视域矛盾或碰撞，表现为具体的技术情境与既有的伦理要求之间的视域融合的问题。

在实际的技术生活中，存在着关涉具体技术情境中的具体价值或潜在价值的"此在视域"和关涉技术活动中各行动者关于既有伦理原则和道德规范的认知与选择的"历史视域"的冲突。两种视域的融合不是将"此在视域"移入"历史视域"，也不是使"历史视域"受制于"此在视域"的标准。如果将两种视域硬性地割裂开来，其结果只能是束缚于当下的境域而"遗忘"了传统的力量，即不是用技术的具体化原则遮蔽了历史中伦理光芒的照耀，就是凝固为某种"过去意识的自我异化"，将自身无限投射到历史中去，无法对未来敞开，呈现为用传统伦理的大棒压制或打击技术发展的新领域。真正的融合是一种彼此视域向对方不断扩大且无限推移的过程，意味着在新视域内的共同提升，在历史的、动态的发展过程之中，在囊括了过去与现在的、整体性的视域之下重建二者的关系。也就是说，现代技术伦理的视域融合，不是传统伦理原则和当下具体的技术境遇之间的简单累加，而是在拓展了各自原有的视域基础上形成的你中有我、我中有你的融合态势，是在更宏大的意义上实现了二者之间的辩证统一，这种统一又成为下一轮视域融合的起点。易言之，伦理原则和技术境遇产生了新的技术伦理规制，而这种新的技术伦理规制又将随着时间的推移朝向未来展开。

在现代技术伦理视域融合的历时态维度中，不论是对于历史视域的汇聚，还是对于未来的敞开，技术伦理展开的支点都必须是"现实的人"。"现实的人"是处于具体技术实践关系中的、在历史演进中不断生成的、涌现出的生命主体。无论是石器时代石器对于人的肢体的功能延伸，还是现代人工智能与生物基因技术对于人的生命样态的探寻，技术都始终是作为人的本质力量的对象化产物，而以人为中心的技术实践又反过来塑造人的伦理认知。所以，技术伦理的困境绝非技术自身的内在冲突与逻辑悖论，而是"现实的人"。在技术理性中，人不知不觉将中心位置让位于技术，导致技术实体掩盖了人的价值。诸如基因编辑技术无底线突破生命伦理界限，生物技术被当作战争武器，代孕技术沦为一种产业手段，本质上都是技术背离了"现实的人"的生存根基。

这种以"现实的人"为支点的技术伦理历时态展开，尤其是立足现代朝向未来的历时态，越发要求打破技术逻辑与人的生命伦理之间的割裂，需要充分考量工具理性的局限性，在设计、研发中深度嵌入对人的存在基石的伦理维度。比如，荷兰学者维贝克提出的"道德物化"理论，正是通过技术设计将伦理规范融入人工物功能，使技术本身成为伦理实践的载体。同时，"现实的人"是多元性的存在，这就要求构建包容公众参与的协商机制，打破技术手段的阶层鸿沟，让处在不同阶层、不同文化背景的人都能在技术创新中表达生命诉求，从而使技术伦理真正成为维护人的尊严的现实力量。正如马克思强调的，"人的本质是社会关系的总和"，技术伦理的历时态融合，最终要在以人为出发点的技术实践中实现技术规律与伦理目的的统一，实现工具理性与价值理性的合理辩证，实现历史传承与未来创新的辩证统一，真正让技术始终成为确证"现实的人"的本质力量的积极因素。鉴于此，各国科学家探索生物技术或生命技术时，务必小心翼翼。以人类生殖系基因编辑试验为例，该试验具有不可逆的高风险性和较为深远的伦理社会影响，加之当前的基因编辑技术还远未达到准确性和安全性的要求，这在伦理上可接受的门槛实际是非常高的。就目前而言，除了受美国食品药品监督管理局（FDA）颁布的拨款法案的限制（公法114-113明确规定严禁使用联邦政府基金开展产生或修饰人类胚胎包括可遗传基因改造的研究）而暂时无法考虑开展种系基因编辑技术的临床试验研究的美国之外，还有许多国家是完全禁止进行种系基因组编辑临床试验的。即使在美国取消对此类实验的限制的情况下，或者在法律没有禁止这些实验的国家，"也必须保证这些临床试验仅在迫不得已的情况下进行，使它们处于全面的监管框架下，将保护研究对象和他们的后代置于安全监管下以防止不适当地扩展到非迫不得已的情况"[193]。可见，就技术本身而言，基因组编辑技术在医疗领域已然表现出自身独特的优势和巨大的潜力，并可能给人类健康带来福祉。它不仅可以治疗疾病，也可以预防人类自身和后代的遗传疾病，甚至可以改变不利于健康的基因编码变异。就目前生物医学领域在基因组编辑的基础研究和对体细胞的干预所取得的进展来看，对于种系的干预未来可期，这也是社会和技术发展的必然趋势。由于涉及种系基因编辑的技术事关所有人和未来世代，因此，在进入生殖试验阶段之前，在人类个体水平上安全、可预测地开发这项技术的规范性是否达成共识是需要首要考虑的问题。这项技术已经实际存在，我们需要对此制定前瞻性的应用规则，当涉及人类福祉问题的技术产生与应用之时，在伦理层面要做的不是对此说"不"，而应当从伦理的角度以及从历史中、从未来的角度规范其研究。

在诠释学的视角看来，诸多违反技术伦理的违法活动在自身的意识世界中，误把自己的"前理解"视为这个时代共同的"理解"，从自身当下的视域出发认为这种"创新"已经和时代语境实现了视域融合，并信誓旦旦地认为伦理会站在它们这边，继续无限度地"创新"，甚至触及生命伦理的底线，将人之为人的传统伦理脉络彻底解构，被打破的这块"天花板"阻断了"此在视域"和"历史视域"的源流一体关系，用"创新"的个别性否定了伦理原则的普遍性。技术虽然能够赋予人类以力量，但是我们不能以智慧缺失为代价换来一个没有"纯粹人类"的人类未来。人类运用技术改造人体，就必须有着同生命伦理深度的视域融合，既不能在勇闯"无人区"时失去生命伦理价值的导航，也不能在外在主义巨大的"伦理反射弧"中等到灾难发生之后才去反思。现代技术伦理的视域融合命题，是在实现伦理维度上的创新，是生命、伦理、公正、技术、未来共同在场，积极贡献自身的力量综合而成的宏大视域，是亦步亦趋、如形随形、不可分割的技术伦理的视域融合态。因此，面对不断发展的现代技术及其可能的伦理风险，我们需要在理解并继承既有伦理要求的基础上，结合具体的技术实践，使伦理原则在传统与现实之间的各类视域中不断融合与扬弃，使前沿性的技术在一系列伦理的、法律的、行业的规则、规范发展中前行，发展成为一种有德性的技术，打破技术的中立论，在伦理与技术的互动、对话、视域融合中构建一种具有前瞻性、情境性和整体性的现代技术伦理。

4.2.2　现代技术伦理视域融合的共时态维度

现代技术伦理视域融合的共时态维度，指的是以横向的空间维度对现代技术伦理的不同视域进行考察，处理由空间距离所造成的视域差异，即现代技术活动过程中的价值相关者（包括技术设计者、技术决策者、技术生产者、技术使用者等）因历史传统、文化背景、个体经验、道德意识等差异所致的价值取向的不同而带来的视域冲突或对抗，表现为现代技术伦理多元主体间的视域融合问题。

视域融合不仅体现在历时态的时间维度上，也体现在共时态的空间维度上。通过视域融合，历史与现在、陌生与熟悉、主体与客体、自我与他者构成了一个无限的、统一的整体。在历时态的维度上，存在着"此在视域"和"历史视域"的冲突；而在共时态的维度上，亦有"自我视域"和"他者视域"的差别。这里所谓的"自我视域"和"他者视域"表达的是一种现代技术活动所关涉的多元主体间异质性视域的辩证关系，无论以哪一个技术活动相关者自身的视域作为"自我视域"，其他技术活动相关者的视域都是相对于某一固定下来的视域而言的"他者视域"，如果将技术设计者的视域作为"自我视域"，那么技术决策者、技术使用者等就是相对于技术设计者视域而言的"他者视域"。共时态维度的视域融合就是现代技术活动中由于价值取向的差异、价值关系的不协调而产生的异质性视域相融合的过程，比如"自我视域"和"他者视域"的融合。正如视域融合理论所揭示的，融合意味着"在一个更大的整体中按照一个更正确的尺度去更好地观看这种东西"[131]，目的是澄清所要理解的对象的本真的意义。毕竟，在文化多元化、全球网格化、经济一体化的"复杂现代性"背景下，解决道德冲突的演绎方法暴露出明显的局限性，不能再把道德标准权威性地、单向度地强加给所有共同体成员，"伦理只有通过所有当事人之间的对话才能得到合理的发展"[194]。因此，通过异质性主体间的视域融合，可以促进相关行动者之间的相互理解，消除共同体成员之间信息的不对称性，进而更加有效地理解现代技术及其相关伦理原则、道德规范、社会现象和实际影响等，进而构建一个健康、和谐、公平、公正的社会道德秩序。

自近现代以来，现代技术的发展可谓日新月异、势不可挡，其对人、自然与社会的影响以及干预的深度与广度都远远超越了传统技术的范围，并逐渐成为人与世界的构造。伴随着现代技术以微观和宇观为取向的发展趋势，技术知识也日益专业化，尤其是以基因技术、纳米技术、宇航技术和信息技术等为代表的高技术更是离不开专业的技术知识。科学技术人员作为专家，掌握了社会政治、经济生活中绝对而单向的权力，公众作为非专家被排除在科学技术的决策过程之外，科学技术人员与社会公众之间就失去了对话的可能性，这种状况一方面导致了"专家治国论"的出现，另一方面造成了科学技术人员与普通公众之间的"信任危机"，而信任的丢失无法通过信息的供给得到补偿，因之试图通过更好的教育、启蒙或情报通报来消除出现的争议，结果大都是无功而返。正如乔治·伯纳德·肖所言，"对于外行人而言，所有的专业人员都是合谋者"[195]。反之，公众的参与在这里却是对症下药的好举措。因此，现代技术伦理多元主体间的视域融合主要在作为专家的科学技术人员与非专家的公众之间展开，侧重于处理与技术实践相关的利益纠纷与价值冲突，在使各共同体之间的实际利益矛盾得到相对公正、完善的解决的同时，也有利于构建健康、和谐的社会道德环境。

首先，现代技术伦理多元主体间的视域融合，有助于使公众的诉求和利益得到合理的表达，有助于打破专家垄断，促进现代技术实践的民主化进程。现代技术对生活世界的浸润式渗透使得其对人类自身与社会的影响日益显著，现代技术逐渐成为社会构造不可分割的一部分，其所产生的负面效应和不良后果对公众的影响愈来愈大，在某种程度上甚至可以说，公众是现代技术风险的直接承受者。随着受教育程度和经济福利程度的不断提高，公众要求表达并参与技术决策过程的愿望也在不断增长，尤其是当个人的生活环境受到技术牵连的时候。近年来，关于转基因食品引发的争论、关于核能技术安全问题引起的讨论等，都是公众对于主动介入科技决策过程的意愿的表达。因此，将公众的视域纳入其中是科技决策民主化、科学化的必然趋势。以纳米技术这一新兴的高新技术为例，英国政府和民间自 2005 年以来陆续开展了"纳米陪审团（Nano Jury UK）""闲谈（small talk）""纳米对话（nano-dialogue）"等数十个有关纳米技术的公众项目，以促成和保障公众参与技术实践，进而影响纳米技术政策和研究；美国南卡罗来纳州立大学和本尼狄克学院则合作创立"纳米技术公民学校（Citizen School of Nanotechnology）"，使当地社区的成员通过互动式学习具备参与纳米科技发展的能力，进而鼓励他们参与纳米技术的决策与发展。[196]

此外，充分考虑公众的视域也可以打破专家的绝对主导性，根据具体的现实情况做出更具人性化的决策。这一点在医患关系上体现得尤为突出。医师在没有充分了解病患如何看待生命意义时给出的医疗建议有可能不符合对方的需要。美国哲学家巴雷特（William Barrett）曾明确指出这种所谓的"职业缺憾"所造成的视域狭隘的问题，"大夫和工程师容易用他们的专业眼光观察事物，因而对他们专业领域以外的东西通常便表现出十分明显的无知。观察越是专业化，其焦点也越是明显；而对焦点四周所有的事物也就越发近乎全然无知"[197]。医师需要从自我的视域转移到病患的视域，而不是单凭自身有限度的理解来为事情进行唯一的诠释。就医师而言，他需要真正理解病患在进行医疗决策时有可能会基于他们自身的生活条件、社会背景、生命意义与价值的个体差异等，而不是选择最符合客观实证医学上的最佳治疗方案。当然，就病患而言，他们也需要努力使自己的视域与医师的视域融合，即尽可能地去理解实证医学上的医疗意义，这样才能为自己的医疗做出最好的决策与判断，而不是一味地将所有的责任归结于医护人员。这就涉及视域融合的另一个方面——信任危机的缓解。

其次，现代技术伦理多元主体间的视域融合，有助于科学技术人员就技术实践进行自辩，有利于缓解信任危机，促使科学技术人员更加积极主动地建构德性的技术。现代技术伦理的视域融合不仅有利于科学技术专家将公众的视域纳入科学技术决策，使公众的意愿得以合理表达，而且有助于公众将科学技术专家的视域吸收到对科学技术的评价与判断中去，有助于为科学技术人员提供辩护的通道，使科学技术人员的职业判断得到广大公众、社会学家和批评家的理解，进而培养科学技术人员的职业信心，使其更加积极主动地建构"善"的技术，以利于整个社会的发展。在科学技术人员和公众缺乏沟通的情况下，科技决策对公众而言几乎是一个"黑箱"，在批评家们看来，科学技术人员往往是用"家长式作风"来维护他们的权威。这也导致了在技术实践中，很多人把工程师视为麻烦制造者，而不是问题解决者。[162]以哈尔滨阳明滩大桥垮塌事故为例，事故发生后公众的第一反应是怀疑桥梁的设计和质量问题，但是，专业的工程质量检验检测机构的检验结果表明，接受检验的事故桥梁的各项指标均符合设计要求，桥梁工程师在事故中不承担责任。造成事故的最直接原因是车辆严重超载，4辆总超载近300吨的货车集中在右侧行驶并停留在桥梁之上，造成桥梁右侧严重超负荷，最终导致匝道倾覆。可以想象，如果没有权威的监测数据，没有对桥梁设计与建造标准的客观认识，工程师们无疑会成为此次事故的众矢之的。所以，科学技术人员与公众之间的视域融合，不但有利于让公众更好地了解工程师的工作，还有利于抵御来自人文主义哲学家、存在主义者和女性主义批评家的"求全责备"[198]。而公众的理解和认可也有助于科学技术人员增强职业自信，以更积极的态度完善科技决策。此外，将科学技术人员的视域纳入公众的视域，可以使公众主动获取相关科学前沿领域的知识，增强自身对技术的独立分析和认识能力，不但有助于提高公众的科学素养，还可以促进公众参与科技政策的制定，使其利益得到合理化的表达。

最后，现代技术伦理多元主体间的视域融合，有助于构建理性反思的沟通平台，有利于根据具体的技术境况做出最优的道德选择。视域融合意味着新的更合乎发展的视域的形成，它是一个不断发生的过程。也就是说，业已达到的视域融合并不意味着理解的彻底完成，恰恰相反，它只是其中的一个阶段，就此而言，新的视域转为新的传统，成为我们新的理解出发点。一旦技术实践的背景或条件发生变化，各利益相关者之间的价值与利益关系发生变动，原初的关于技术问题所达成的判断或抉择的平衡点可能被打破，这时就需要重新开启沟通的平台，在新的境遇之中展开新的视域融合。尤其是那些从诞生到现在一直备受争议的技术领域，诸如基因技术、纳米技术、信息技术和神经技术等发展速度超快且不确定性极强的技术。通常情况下，专家计算出来的风险后果与公众实际感受到的问题后果之间往往存在巨大的差异，因为在风险评判方面，除了可计算的概率和风险程度之外，实质性的风险特征也有十分重要的作用。所以，在现实语境下，关于不同视域下的道德分歧，要寻求一个绝对的、无条件的解决方案是不可能的，至多是探寻满足特定条件的、相对最优的解决方案，正如哈姆林克所说的，"道德选择从来没有理想的方案……伦理反思不应当只集中在找到单一的正确答案，而应当集中于道德论证的适当过程。"[194] 因此，在具体的技术语境中，现代技术伦理多元主体间的视域融合有助于根据实际情形做出最优的伦理抉择。

一言以蔽之，只有在所有参与者都乐意在关于解决问题的可能途径的讨论过程中畅所欲言、充分沟通，由科学技术专家、各利益群体和相关公众参与的科学技术决策才能取得实事求是、公平公正、行之有效和正当合法的解决方案。因此，以视域融合为导向的探讨争鸣的目的就在于，在对技术实践的参与者所提出的关于风险的可忍受性和机会的可行性进行权衡的情况下，开发出所有参与者皆能承受的解决方案。可见，问题的关键并不在于要求取得最小分母水平上的意见统一。恰恰相反，针锋相对的辩论、充足的论据和逻辑清晰的论证，以及对具有创新性的解决方案的努力追求才是问题的要旨所在。

4.3 现代技术伦理视域融合的实践进路和目标

自从斯诺1959年在剑桥大学的演讲中提出"两种文化"概念以来，人们越来越清晰地意识到存在于"科学文化"和"人文文化"之间的现实张力，对于"两种文化"的分裂与融合的讨论一直贯穿于各种领域，尽管斯诺提出这一命题有当时的背景和他的立场，但在新的发展形势下，对于新出现的争议和问题，两种文化的分析框架依然成立。比如国外的"科学大战"、国内的转基因之争等，在实质上也不过是两种文化之分裂在新形势下对新问题之争的新表现而已。"技术"与"伦理"分别作为"科学文化"和"人文文化"的典型代表，"由于多种原因，（二者之间）曾经存在着一道虽然无形然而却又很难跨越的鸿沟"[199]，二者之间像是"两个互相分离的孤岛"。虽然半个多世纪以来人们努力弥合二者之间的距离，然而现实表明，现代技术所呈现的新特点与新趋势使得某些局部的分裂有更加严重的趋势。其间当然有多种原因，但在二者分裂表象的背后，更为深层的科学主义和人文主义立场的分歧，抑或工具理性和价值理性的断裂，应该是重要原因。在技术实践中体现为技术人员自身无法完善地解决技术伦理问题，"甚至技术社会中的很多问题与个人道德决策无关"[200]。因此，现代技术伦理问题的解决呼唤技术实践中技术与伦理之间的对话，并通过这种诠释学意义上的对话消弭二者之间的距离，达到视域融合。通过视域融合，技术活动中各自存在的、彼此碰撞的视域都将在所形成的更大的视域中被重新审视，这种新形成的视域"不仅克服了我们自己的个别性，而且也克服了那个他人的个别性"[131]。正是在视域融合的机理下，技术和伦理的敞开在"技术道德化（现代技术伦理功能的彰显）"和"道德技术化（伦理活动参与者的拓展）"中实现了统一，在更大的视域中实现了更加健康、更具人文精神关怀、对未来也更敞开的生活世界。

4.3.1　现代技术伦理功能的彰显

技术的伦理意蕴最早可以追溯到古希腊的技艺（techné），指的是"一种与真实的制作相关的、合乎逻各斯的品质"[141]。制作（poiesis）是区别于自然生成的人工生成，逻各斯（logos）则包括技艺所提供的善。比如，造船的技艺绝不仅仅意味着木板的排列组合，而是追求一种更加坚固、安全的航船。医生的技艺也非药剂知识的载体，更意味着合理支配使用这些药剂的使命。[108] 在这里，技艺在伦理意义上把技术目的和技术手段通过理性的方式融合在一个复合体之中，是一种包含善的目的的手段。与古代的技艺相比，现代技术（technology）乃是一种完全不同的、以现代精密的自然科学为依据的技术，它以"控制"和"保障"为主要特征，通过"限定"和"强求"将世界（包括人）订造为可供加工、改造的物质化对象。这种对象的物质化完全不同于遵循事物本有目的的"产出"或"创造"，而是一种"去意义化"的技术构造。"去意义化"也意味着"去道德化"，技术中立论也正是在此语境下出场的，技术中立论使得技术的伦理意蕴在世界的物质化过程中被消解掉了，技术和伦理渐行渐远。视域融合可以使现代技术重新发现其伦理意蕴，彰显其伦理功能，进而使一种前瞻性、构建性的技术伦理成为可能，以消解技术与伦理的断裂所导致的一系列伦理问题。

现代技术伦理的视域融合，本质上是真理与价值的统一问题。技术是依照真理原则，从探索客观世界出发，经过人的实践，使客观物质世界呈现得更为多元、更加立体。在以技术逻辑为主导的座架关系中，人是世界呈现自身的中介，技术视角下的人与世界的关系可以概括为"世界—人—世界"，客观物质世界是人类使用技术进行实践的起点，也是其终点；伦理是依照价值原则从人的内在需求出发，经过在客观世界的丰富实践，最终返归人自身的过程，让人类自身的建构因世界的展开而丰盈，在伦理逻辑的普遍展开中，世界是人自身呈现的中介，伦理视角下的人与世界的关系可以概括为"人—世界—人"，人既是价值原则建构的起点，也是其最后的落脚点。现代技术伦理的视域融合，就是要在从起点到中间各个环节再到最后的终点的各个环节，始终坚持在人与世界的深度融合中建构人类社会的应是场景。科学技术革命推动人类社会从工业 1.0 向工业 4.0 逐级跃升，但人类的精神文明发展并没有及时跟上技术快速发展的步伐，伦理原则往往滞后于现实的技术实践。随着各种新技术给人类存在本身带来越发严峻的挑战，人们在技术实践中自觉生发出对伦理的呼唤。技术对伦理的呼唤与伦理对技术的关切，成为我们应对技术导致的风险社会的有力手段。技术自初始的"自在"状态转换为当下呼唤伦理的"自为"状态，在这个意义上可以说，技术经历了一场异乡之旅，就像一个通过外出而重新回到自己家园的旅行者，它"在异己的东西里认识自身"[131]。这种重新返回并不是一种回溯或复归，而是一种在新视域下的重构。在具体的技术实践中，它主要呈现为技术人工物道德功能的彰显和科技人员伦理精神的内化。

技术人工物道德功能的彰显指的是在技术人工物的设计中通过恰当的方式把抽象的道德因子嵌入进去，使技术人工物在技术实践中发挥"行动者"的道德指引功能，从而对人的行为产生道德意义上的引导，维贝克称之为"技术的道德化（moralizing technology）"[169]。正如设计人员"写出""脚本"一样，我们也可以将伦理原则或道德规范"写入"技术人工物的设计之中，形成引导人的道德行为的"脚本"。就像影视剧本对演员的规定一样，技术产品这一"脚本"在一定程度上规定着生活世界舞台上人们的行为。[201]比如道路上常见的减速带、行车时自动检查车门未关闭的报警装置，以及超市提供的投币手推车等，分别将遵守交通规则、注意行驶安全和维护公共秩序等道德说教转化为蕴含道德规制的技术设计，影响并调节人们的行为。在诠释学的视角看来，技术人工物在人为的设定中敞开了原先单纯的"物"的规定，本身作为载体开始承载一些道德观念，而道德也在人为的设定中敞开了原先单纯的柔性的抽象原则，在对技术人工物的具体化渗透中实现了自身，二者在动态的视域敞开中生成了"技术道德化"的概念。在这一设定中，技术人工物敞开为"道德物"，道德敞开为"技术化的道德"。技术道德化使技术本身敞开了自身的"中立"立场，将自身的重心偏移到对人类社会秩序的关切之中。在现实的技术实践活动过程中，技术道德化的目标是在技术设计环节施加技术伦理的影响，从而使技术伦理通过更为高明的技术设计发挥积极作用，以减少技术活动的社会风险。

在现实的技术实践中，"价值敏感设计（value sensitive design）"

"劝导技术（persuasive technology）设计""负责任创新"（responsible research and innovation）可以说是技术道德化的典型，也是现代技术伦理良性的视域融合的成功探索。"价值敏感设计"是一种在技术设计的整个过程之中，把除实用价值之外的更为广泛的人类价值全面而系统地纳入进来，诸如人的幸福、尊严、隐私、公正、安全和知情同意等，并把这些价值体现在技术产品中的设计方法，它扩大了技术设计中人类价值的范围，把与人类福祉相关的各种因素都吸收进来。比如，微软的 CodeCOOP 项目将社会价值因素考虑到群组软件（groupware）应用程序的设计中去，提高了群组软件的采用率。[103]这是价值因素在技术设计中的关涉，通过伦理视域与技术设计视域的融合实现了技术实践中的"善用"。"劝导技术"也是一种新兴的技术设计方法，它是致力于通过"劝说"（persuasion）而非强制手段改变人的态度或行为的交互式技术[202]，这里所谓"劝说"喻指技术设计中的道德引导，用以影响人的态度与行为，促进人们以符合道德的方式对自然和社会产生影响，以实现技术的道德价值为目标。譬如生活中司空见惯的信号灯、具有提醒功能的安全带、超出一定距离便自动上锁的超市购物车等都属于劝导技术。劝导技术也在技术人工物的实现向度中融合了伦理视域，实现了现代技术伦理视域融合的"行动者"的道德指引功能。"负责任创新"是近年来欧美国家提出的一个新的发展理念，要求在技术研发环节的上游阶段就将伦理规约引入进来，在充分考虑、衡量各个利益相关者的价值诉求的基础上，让传统意义上的伦理原则和道德规范等事后评价转变为事前伦理介入，进而使得整个技术创新环节在一开始就做到真正意义上的"负责任"，即将伦理视域渗透、融合到技术实践的全过程。比如，大连港在节能减排与环境保护、港口的技术创新与社会责任、港口利益共同体的多元利益关系协调等方面体现了负责任创新的新模式。[203]大连港的实践探索，不是仅仅在追求经济效益和开展科技创新时兼顾社会责任和环境保护，而是在一系列实践探索之中，在设计之初就将环境伦理、社会责任、空间正义等多维视域融入技术实践的全过程。也就是说，技术与伦理的视域融合贯穿于大连港技术实践的全过程，并在新的探索中积极将新的伦理问题视域考虑在内，从"视域合力"中选择最优方案，不仅实现了负责任的创新，更实现了现代技术伦理视域融合的良性建构，为其他技术创新提供了可供参考的样本。

在技术人工物的建构受到伦理的影响或"嵌入"时，科技人员作为主要参与者，其道德实践活动也受到伦理的熏陶和浸润，使传统技术伦理中外在于科技人员的伦理原则和道德规范内化为科技人员的道德自觉，即由"道德外化"转变为"道德内化"。通过激发与培养科技人员的道德敏感性和道德想象力，使科技人员的负责任行为通过具体的技术实践内化为一种自发的行为，进而使技术实践本身成为一种具有伦理属性的"负责任创新"。正如飞利浦全球设计总监马扎诺（Marzano）所言，"我们需要的技术已经随手可得，我们挑战的不是技术本身，而是我们该如何应用设计'善'的力量，而不是利用设计的'恶'"[204]。传统的技术伦理没有意识到伦理教化对于技术实践的重要性，而是将二者割裂开来，过于关注伦理原则和道德规范对科技人员思想上的影响，忽视了科技人员自身是否真正具有道德意识，削弱了技术伦理在技术实践中的有效性。因此，在技术设计的道德内嵌过程中，科技人员需要运用道德想象力不断地对伦理原则和道德规范予以批判性的自觉反思，思考抽象的伦理原则为何以及如何渗入技术人工物的结构与功能之中，进而增强自身的道德敏感性，逐渐形成伦理自觉意识并以道德直觉的形式贯彻于实际的技术实践之中，进而使伦理规范和道德原则在真正意义上落到实处。

4.3.2 伦理活动参与者的拓展

现代技术伦理视域融合的另一个效果是将技术纳入伦理的视域之内，扩大并拓展伦理的视域范围，呈现出伦理的技术化维度。这里的"技术化"并不是指伦理原则和道德规范的技术化或物质化——"道德物质化"（materializing morality）是"技术道德化"的另一种形式，二者只有视角的不同而没有质的区别——而是指伦理内在结构和功能的技术化拓展，抑或伦理的"物转向"，即将传统伦理对人的关注拓展到物的领域，将"非人类"的存在者及其与人的关系和相互作用也纳入伦理领域。也就是说，伦理不仅仅关乎人的伦理，同时也在人与世界的交互关系中体现出对"物"的关切。所以，道德不仅仅是人与人之间的关系，还与物有着密切的联系。

传统技术伦理的根本框架根植于近代主客二分的认识论，在近代哲学开端的心物二元论中，主体与客体之间、人与物之间是严格二分的且二者的地位是失衡的，人是唯一能动的存在，物只是被动的存在，人把自己从世界的整体中抽离出来并走向了"物"的对面。这种二元对立在技术哲学即伦理学领域呈现为"人类主义"和"工具主义"，即人是道德主体，技术则是与道德无关的"物"，因此伦理的研究对象只能是人，并致力于通过提升人的道德修养来规范人的行为。虽然技术对自然的胜利进军意味着人类主体性的胜利，但其带来的消极后果也潜在地隐含着对人类主体性的威胁。技术伦理的任务是监督技术的研发状况并对其最新成果予以立体的审视，使技术无法僭越主客之间的界限以维护人的主体性地位。因此，传统技术伦理多是从技术应用所造成的负面的社会伦理后果出发，研究如何用伦理原则和道德规范约束技术的发展。随着现代技术（尤其是信息技术、生物技术和纳米技术等技术）的出现，技术在对自然的改造和干预深入到基础层次的同时，也在物质和精神的双重层面将人纳入其改造的对象。人的身体不再是各种技术"操纵的基点"，而是缩减为可被任意支配的物质材料。技术对人类的塑造由隐性转为显性，人与物之间的二元对立被打破，形成了一种人与技术相互交织、视域融合的新型"人一技术"关系。面对现代技术所带来的革命性变革，传统技术伦理这种"外在主义"的二元论框架显然已经不能满足当前伦理实践的需要，在面对具体的技术实践时往往带有局限性和滞后性，其研究成果也很难达到预期效果。

而要突破传统技术伦理"人类主义"的理论框架，首先要打破人与物对立的二元论视域，从人类与非人类（自然与仪器等）之间的交互作用出发构建一种"后人类主义"的技术伦理，这也是现代技术伦理的视域融合命题成为时代显学的重要原因。鉴于技术物对人及其行为的知觉调节和行为调节作用，需要赋予技术物以道德规范者的使命，使其在具体的情境中对人的活动产生道德规范作用，将道德活动的范围从"人"延展到"物"。在打破主客二分认知模式并授予物一定的"能动性"方面，拉图尔的"行动者网络理论"功不可没。"行动者网络理论"拒绝在人与非人之间做出严格的区分，而是力图消弭人与物、自然与社会、主体与客体之间的差异，将人与非人视为相对称的行动者，这些异质性的行动者之间的相互作用共同构成了行动的"网络"。拉图尔以"行动者"的概念赋予了非人类与人类相对等的能动性，并以"网络"特征强调了人类与非人类之间相互交织、彼此建构的重要特性。在这个由人类和非人类共同组成的网络之中，人与物具有相似的地位，"物"可以通过其自身蕴含的"脚本"规定着人们的活动方式。正如拉图尔所说，"道德律固然存在于我们的心中，但也同样存在于我们所使用的技术装置中"[49]。

在视域融合理论的审视下，技术与伦理并不是两个彼此隔绝、互不相干的领域，二者之间具有互涉性。技术并不是非人类领域单纯的、被动的物质性工具，而是参与建构人类的生存境遇，形塑人类的道德行为；伦理也不是人类所独有的规范性手段，而是可以纳入技术设计的系统之中，作为"脚本"制约技术的发展。因此，"只要技术有助于道德决定，技术也是社会的。同时，人类也属于物质领域，因为我们生活的塑造与我们使用的技术密切相关"[205]。如是，为了使伦理理论更好地服务于实践，需要在承认人的主导性地位的前提下，把物也纳入伦理框架。就像拉图尔所喻指的那样，伦理学家需要把目光投向伦理空间中的"暗物质"[201]——技术人工物，赋予技术以道德行动者的地位，使传统的"人类主义"伦理学转变为一种"后人类主义"的伦理学。就伦理学家而言，他们作为道德活动的主要参与者，需要从旧纸堆里走出来，做一个"嵌入式哲学家"，通过参与技术设计活动将伦理学的研究成果"铭刻"在技术设计过程中，协助技术设计者设计出符合道德理念的产品。

在对技术伦理的深入研究中，学界能够就技术人工物的道德意义达成共识，但对于技术物道德角色的认识却存在分歧，目前学界主要有三种观点。第一种观点是将技术人工物视为"道德工具"，即认为技术人工物不过是实现道德目标的手段。这种认识方式过于保守和狭隘，因为技术人工物不仅仅是一种实现道德功能的工具，其自身所具有的意向性亦会导致许多超出我们预期的后果。比如为方便人们拍照而设计出的手机拍摄功能也有被用于窥探隐私的风险；为方便人们出行和优化出租车市场而设计的打车软件也可能被不法分子滥用而威胁乘客安全。这种将技术人工物视为"道德工具"的观点并没有实现良性的视域融合，其否定了现代技术伦理视域融合的动态性生成，没有将技术人工物的多维意向性纳入自身的视域，也就阻断了后来视域融合的可能性。第二种观点是将技术人工物视为"道德主体"，即把技术人工物也看作道德共同体的成员之一。目前，关于技术人工物道德主体角色的探讨范围仅限于当前炙手可热的人工智能领域。弗洛里迪与桑德斯认为，如果一个技术物有能力实施可以用道德术语描述的行为，即引起道德上的善或恶时，就可以被称为道德主体[206]。也就是说，道德主体的概念并不一定表现出人类主体的自由意志、精神状态或道德责任，如果技术物"在没有刺激的情况下具有改变状态的能力，具有改变'转化法则'的能力，就可能具有道德主体地位"[83]。鉴于现在人工智能的发展还处于弱人工智能阶段，且技术物并不具备与人类完全等同的主体性，这种将技术物视为道德主体的观点显得过于激进。从现代技术伦理视域融合的旨归看来，视域融合是在技术与伦理的间性维度上澄明出来的，并没有动摇或者颠覆主体地位，而是在多元主体的视域拓展中纳入有助于自身发展的因素。第三种观点是把技术物看作"道德中介"或"道德调节者"，即技术人工物通过调节人的道德行为和道德决策来发挥其道德能动性。这一视角既没有将道德行为和道德决策完全归属于人的主体性，也没有将道德视为技术物自身所拥有的属性，而是以一种客观的立场刻画了技术人工物在引导人的道德行为方面的地位和积极的道德作用，这就实现了良性的视域融合，在技术人工物"居间调停"的作用下实现了道德和技术之间的转换域，在深度对话中实现了现代技术伦理视域融合的"应是"场景，也是现代技术伦理视域融合的有效实践路径。

4.3.3 伦理生活世界的构建

现代技术伦理视域融合的实践进路是技术和伦理的视域都得到了扩大和拓展，不但凸显了技术的伦理功能，也开拓了伦理的物转向。不管是"技术的道德化"，还是"伦理的技术化"，二者的最终旨归都是构建伦理的生活世界。技术只有在生活世界的使用中才能彰显其价值，伦理也只有在生活世界中才能凸显其意义。但当代的生活世界是一种充分技术化的生活世界，现代技术对生活世界的规定性遮蔽了本真的、始源性的生活世界，缩减了人与自然的意义多样性，导致了平面化的世界和均质化的人。生活世界作为技术存在与发展的"根基"和"家园"，其本质上是伦理的、道德的世界，是意义丰沛的多样化的世界，是具有始源意蕴的本真的世界。因此，从根本上说，无论是现代技术的伦理化回归，抑或伦理的物质化转向，与其说是对伦理生活世界的构建，不如说是生活世界的内在诉求。这里所谓伦理的生活世界，主要是在伦理道德对生活技术化的关切和视域融合中生成的以伦理原则为基础架构的技术伦理的生活世界，本质上亦指活生生的人的生活世界。

"生活世界"被施皮格伯格称为"现象学历史中最富有创造力的思想"[207]，是胡塞尔在他的《欧洲科学的危机与超越论的现象学》中使用的一个术语，目的是表明近代的实证科学已经远离原初的主观生活世界，势必会陷入深深的危机。胡塞尔表示，"在19世纪后半叶，现代人的整个世界观唯一受实证科学的支配，并且唯一被科学所造成的'繁荣'所迷惑，这种唯一性意味着人们以冷漠的态度避开了对真正的人性具有决定意义的问题"[208]。换句话说，尽管实证科学如此客观有效，却处理不了那些最令人关心的涉及世界与人生意义的问题，比如宗教、神话、文学、艺术等，这是一种文化的、人性的危机。而摆脱危机的一个可能途径就是回归生活世界，因为生活世界是一个自明的原发境遇，是一切意义和校准的源泉，也是一切客观科学存在的前提和基础，真正的理性化只有回到生活世界才能获得可理解性和有效性。在这里，胡塞尔敏锐地捕捉到，笛卡尔式的理性主义对"真"的追求所构建的"科学世界"从原则上排除了"整个人类的生存（dasein）意义与无意义的问题"[208]，抽空了"生活世界"中充盈而丰沛的意义。虽然胡塞尔认识到了"生活世界"相对于"科学世界"的始源性，然而囿于其先验现象学的立场，"生活世界"在胡塞尔那里具有明显的不彻底性，除了具有开拓意义的先在性、本源性、构成性和境域性之外，还不可避免地保有先验主体性的烙印，故而也称为"主观现象的匿名之域"或"先验主体性的自身客观化"[208]，而寄希望于在先验的意识中重构历史性的生活世界以摆脱科学的方法论。

这里则是在生存论的意义上使用"生活世界"这一概念，以超越胡塞尔这一理论中先验主体性的局限，是主观世界、客观世界与社会世界的有机统一体，是行为者参与其中的真实的、经验的世界，是人的目的、意义和价值的策源地。它既不是通过主体的先验反思而认识到的先天理念世界，也不是抛弃目的性价值、追逐功利性价值的科学世界，而是个体的知觉所能察觉到的有意义的现实世界，亦是个体通过实践不断展开着的世界。因此，生活世界作为人类现实存在的给定的经验领域，是人类交往、生存的界面。正是由于人的能动参与，生活世界具有开放性、构成性和超越性。一言以蔽之，生活世界既是人们生存与实践的逻辑起点，也是生产创造活动的目的与归宿，还是生命意义、生产意义和生活意义的来源地。在最原初的意义上，生活世界与伦理是结合在一起的，二者的发展具有一致性，生活世界是伦理的起点和归宿，伦理是生活世界的运作方式。在前哲学的古希腊文中，伦理（ethos）的含义是"居留之所"，指的是源自生活实践本身的活动场域，它为人们在其行动中能够互相交往提供了一个超越空间含义的、特殊的居留地，从而使得他们的共同行动得以成功。[209]这种特殊的"居留地"乃是在人与世界打交道的过程中按照"德性"行动而逐渐形成的不言自明的、主体间的可靠性活动空间，它在其原初的意义上就是面向生活世界、涉及人的生活意义的。

在前技术时代，生活世界与伦理道德的发展体现为同步性。在当时的自然经济条件下，社会的生产力水平不高，技术作为"代具性"的工具和操作方法，其内容和形式通常相对固定，"并倾向于被认可的目的和恰当的手段的一种彼此相适应的、静态的平衡"[93]。生活世界被限制在相对狭小的氏族范围内，形成一种以血缘关系和地缘关系相结合的生活世界形式，人与人之间的关系也建立在这种天然的关系之上。那些源于传统文化生活的宗教仪式、风俗习惯等逐渐转化为生活世界中"不言自明"的伦理原则和道德规范，它们共同构成当时的生活世界。可以说，生活世界是伦理的生活世界，甚至当时的前现代技术也是与"善"相关并蕴含伦理的和美学的意义。比如，就建桥的技术而言，不仅仅是将建桥的材料按要求堆积起来，还包括建造一座结实、安全、美观的桥。随着社会的发展，科学和技术的联姻使得技术以前所未有的态势飞速发展，在一定程度上甚至可以说"技术就是命运"。与传统技术相比，现代技术对人、自然与世界的干预与塑造，无论是在质还是量上都不可同日而语。传统意义上的伦理和生活世界的平衡被打破，技术一跃成为生活世界的主角，伦理的生活世界转变为以技术逻辑为主导的生活世界，尤其是现代充分技术化的生活世界。因此，能否打破"技术中立"，使技术体现出德性，是生活世界伦理得以可能的重要决定因素之一。现实问题在于，技术化的生活世界乃是被技术理性或工具理性绑架的技术所构造的世界，这样的世界导致了工具理性的泛滥、精神家园的失落，所构建的也只能是均一化、扁平化、碎片化的生活世界。鉴于现代技术对生活世界全面而彻底的"统治"，伊德亦感慨"没有技术的生活世界至多是一个想象性的投影"[106]。只有德性的技术构建的世界，才能使伦理的生活世界真正实现，才是我们生活所需要的充满价值和意义的世界，才是适合人的存在的伦理的生活世界。这既在生活世界中纳入了伦理的维度，也丰富了伦理的内容。譬如，把环境保护的伦理理念嵌入技术设计，通过改变产品的结构语境来影响产品的使用语境，不仅可以实现环境保护的目的，还可以间接地促进使用者树立环境保护的理念，进而养成注重环境保护的行为方式和生活习惯。

值得注意的是，现代技术的伦理化重塑所构建的伦理的生活世界并不是对原初生活世界的单纯复归，而是在一种更新的层次、更高的维度和更宽的视野上的拓展。生活世界从相对狭窄、固定的范围扩展到更为广阔、开放的领域，这是一个视域不断融合的扬弃的过程。如果说传统的时间和空间是生活世界发生的场域，那么现代技术对时空的"压缩"所带来的"时间空间化"和"空间时间化"则拓展了生活世界的范围。现代交通技术使我们跨越空间所花费的时间越来越短，比如中国西成高铁开通之后，有人调侃"羊肉泡馍"和"麻辣火锅"之间只有一张高铁票的距离；互联网技术则把空间收缩成一个"地球村"，我们足不出户就能够随时获取世界各地的信息。由现代技术所构造的生活世界打破了传统时空对生活世界的阻碍，扩大了人的自由度，丰富了人们的生活体验。但若放任技术理性肆虐，就会出现订造单向度的人、缩减生活意义的风险。人们发展技术的最终目的是获得人的自由和解放，所以现代技术伦理视域融合的最终指向是发展德性的技术，以构建伦理的生活世界，这才是在现代技术条件下我们应建构的生活世界。

4.4　本章小结

本章通过分析现代技术伦理视域融合的节点、维度、实践进路和目标，阐明了"视域融合"作为深化理解的基本途径是现代技术伦理的间性澄明向度，其最终旨归是构建伦理的生活世界。

首先，在技术实践的现实语境下，现代技术伦理的视域融合奠基于技术生活世界的共同体验、情感世界的移情共感和伦理实践的道德想象。技术生活世界的共同体验是视域融合的基础；情感世界的移情共感是视域融合的情感机制；当识别、理解和把握复杂情境中某些驳杂的伦理冲突或道德困境时，则需要诉诸技术共同体各行动者对伦理实践的道德想象力。

其次，现代技术伦理视域融合的维度包括历时态和共时态两个维度。历时态维度指的是以纵向的时间维度对现代技术伦理的不同视域进行审视，处理时间距离导致的视域冲突，表现为具体的技术实践与既有的伦理要求之间的视域融合问题。共时态维度指的是以横向的空间维度对现代技术伦理的不同视域进行考察，处理空间距离造成的视域差异，表现为现代技术伦理多元主体间的视域融合问题。

最后，现代技术伦理视域融合的实践进路和目标意味着新的更大的视域之形成，主要体现为现代技术伦理功能的彰显、伦理活动参与者的拓展，以及伦理的生活世界的构建。现代技术伦理功能的彰显指的是在技术人工物的设计中通过恰当的方式把抽象的道德因子嵌入进去，使技术人工物在技术实践中发挥"行动者"的道德指引功能，从而对人的行为产生道德意义上的引导作用，即"技术的道德化"。伦理活动参与者的拓展指的是使将技术纳入伦理的视域，扩大并拓展伦理的视域范围，使其呈现出伦理的技术化维度。易言之，是伦理学在结构和功能上的技术化拓展，抑或一种伦理的"物转向"。无论是现代技术的伦理化回归，抑或伦理的物质化转向，二者的最终旨归都是构建伦理的生活世界。这是因为，技术只有在生活世界之中才能显示其价值，伦理只有从生活世界缘起才能彰显其意义。

实践智慧：现代技术伦理的未来指向

现代技术伦理的"视域融合"是其"实践智慧"的基础，二者是认识论和实践论的高度统一。现代技术伦理只有在深度的"视域融合"的基础上，才能实现自身的实践智慧，在具体语境中实现"明智""善举"的价值建构。如果说"视域融合"是在间性向度中，在敞开性、交融性和创造性的多重语境下，实现了现代技术伦理多维理解的可能，致力于建构一种以生活世界为中心的视域互构共生的现代技术伦理，那么，在此基础上深度融合的现代技术伦理，通过诠释学的自我思考召唤实践智慧，引导人们创新并负责任地应用技术，在具体的技术实践中注定也是包含实践智慧，关涉多重要素，体现技术实践主体"善"的关怀的明智之举。"实践智慧"作为理解的内在要素和真正本质为现代技术伦理的未来发展指明了方向，体现为现代技术实践与伦理理论的高度统一，现代技术发展与伦理规制的中道以及最终在从实践论到认识论的"第二次飞跃"中螺旋式上升地建构了现代技术伦理意识的自觉，实现了在更高的意义上复归原点，开启新一轮的"前理解—视域融合—实践智慧"的发展之路。

5.1 实践智慧及其诠释学复归

实践智慧是现代技术伦理的未来指向，对实践智慧原初内涵和特征的把握，能够为厘清实践智慧与其他知识类型的区别奠定理论基础；对实践智慧与其他知识类型的辨析，能够为阐明实践智慧在现代社会中的失落与消解提供理论依据。二者共同指向在精神科学领域恢复实践智慧的迫切性与必要性，为建构以善为核心的现代技术伦理指明方向。

5.1.1 实践智慧的含义与特征

实践智慧（phronesis，又译为明智），在苏格拉底—柏拉图的德性学说那里一直被作为一种道德德性加以说明。当苏格拉底说"德性即知识"时，这里的"知识"指的就是phronesis。不过，亚里士多德并不认同这一看法，在他看来，德性不仅仅是一种合乎实践智慧的品质，还有一种更重要的属性，就是与实践智慧一起发挥作用的品质。亚里士多德的批判表明，德性和知识、"善"（arete）和"知"（logos）的等同乃是一种言过其实的夸张[131]。显然，离开了实践智慧，就没有严格意义的善，若无德性，也就更谈不上实践智慧，二者是互相关涉、一道起作用的。通过划分人类认识事物和表述真理的五种知识形式，即技艺（techne）、科学（episteme）、实践智慧（phronesis）、智慧（sophia）和努斯（nous）[141]，亚里士多德指出，实践智慧"是一种同善恶相关的、合乎逻各斯的、求真的实践品质"[141]，并展示了实践智慧的基本特征。

首先，实践智慧具有趋善性，是对善的思虑与谋划，考虑的是对整个生活有益的事情。亚里士多德认为，具有实践智慧的人"善于考虑对于他自身是善的和有益的事情"[141]，而这里的善并不是指关于某个部分或具体方面的善，比如对于个人的健康或美貌有益，这充其量与人的本能欲望相关，而是"指对于一种好的生活总体上有益"[141]。在亚里士多德看来，"人的好的生活"即是最高的善。因此，实践智慧就"意味着一个人不按照其可好可坏的本能倾向，而是把整个生活对准主要的善，所以它与片面的道德发展是不相容的"[210]。正如射手在"射箭"之前需要首先确定"箭靶"一样，实践智慧为人在具体生活中的实践确立了其行为和感情所要切中的目标，即对于人类整体生活有益的最大的善。需要注意的是，亚里士多德所谓的"善"不同于柏拉图的"善的型式"，而是一种"属人的善"，研究的是"人可以实行和获得的善"[141]，而非一种"空洞的"共相。

其次，实践智慧具有权变性，是对可变事物的权衡与抉择。实践智慧不同于科学，它不考虑那些不变的、必然的和可证明的东西，而是只思索那些在生活中可改变的事物，思量如何处置它们才能对自己有益。在具体的生活实践中，正如亚里士多德所说，"没有人会考虑不变的事物"，"实践的题材包含着变化"[141]。如果说不变是一，那么变化就意味着杂多、差别和特殊，人类一切可称为"好"的或"善"的实践，即是用实践智慧对所谓杂多、差别和特殊进行抉择或慎思明辨，进而使人的行为"择善固持"，达到"最大的善"的目的。因此，一个具有实践智慧的人，即是一个"平衡各种不可通约之善，洞悉可取的行动方略，并以一种适当而适时的方式与他人互动协作的人"[211]。

再次，实践智慧具有实践性，是关乎行动的践行能力。实践智慧是"与实践相关的"[141]。一个具有实践智慧的人不仅仅是拥有德性，更重要的是做合乎德性的活动，因为具有德性是一回事，而在实践中的实现活动是另一回事，这也是亚里士多德区别于苏格拉底理智主义德性观的地方。在亚里士多德看来，"幸福并不是拥有德性，而是实现德性"[212]。换句话说，在生命中获得幸福或最大的善的人往往是那些在行动中做得好的人，比如，称一个人公正是因为他做了公正的事，称一个人慷慨是因为他做了慷慨的事，其他德性亦可类推。实践智慧除了是一种关乎行动的实现活动之外，其践行本身就是目的，这不同于同样关乎可变事物和行动的生产或制作。"因为制作的目的是外在于制作活动的，而实践的目的就是活动本身——做得好自身就是一个目的"[141]，正如在行为上公正便成为公正的人，在行为上节俭便成为节俭的人，在行为上勇敢便成为勇敢的人一样。

最后，实践智慧具有经验性，是与具体事物相关的生活经验。鉴于其践行本质，实践智慧与具体事物相关，生活经验在实践智慧中具有很重要的作用。因为实践都是具体的，所以实践智慧必须与具体的个别事物打交道，应该通晓个别事物。在这个意义上，"不知晓普遍的人有时比知晓的人在实践上做得更好"[141]。亚里士多德举了一个形象的例子，一个只是在理论上知道鸡肉易消化、益健康，而在实践中却不知鸡肉为何物的人，并不比一个仅仅在实践中熟知鸡肉易消化、益健康的人更能帮助他人恢复健康。也就是说，在一定程度上，有经验的人比善于空谈的理论家更容易达到好的效果。亚里士多德认为，通晓几何和数学的青年人可以成为一个数学家，却不一定拥有实践智慧。其原因就在于实践智慧是"同具体的事务相关的，这需要经验，而青年人缺少经验。"[141]与之相反，即使没有经过证明，我们也应该尊重那些有经验的人和老年人的意见与见解，这是因为"经验使他们生出了慧眼，使他们能看得正确"[141]。

一言以蔽之，实践智慧在原初的意义上是一种以可变事物为对象、与生活经验相关的人类践行的知识，它要求我们身体力行去实现人类"最大的善"。只有深刻理解实践智慧的本真意蕴和特征，才能明辨实践智慧与其他知识形式的不同之处，进而挖掘实践智慧在现代社会式微的根源所在。

5.1.2 实践智慧的辨析

作为人类认识真理的诸多方式中的一种，实践智慧是与人的慎思明辨、趋善避恶的行为相关的理智德性。对实践智慧与其他知识形式，尤其是与科学和技艺进行辨析，可以阐明实践智慧在现代社会失落的根源在于对科学概念的单向度推崇和对实践的伦理内涵的消解，这也是现代技术及其伦理问题产生的症结所在。

亚里士多德将人的德性分为理智德性和道德德性两种。理智德性是灵魂在严格意义上具有逻各斯的部分，主要通过教育而成，不仅需要经验，还需要时间，像智慧（sophia）、理解（seenesis）和实践智慧（phronesis）就属于理智德性；道德德性是灵魂在听从逻各斯的意义上分有逻各斯的部分，只能通过习惯养成，而不是由自然在我们身上所造成的，像慷慨和节制则属于道德德性。

理智德性的本质特点在于追求真理，其获得真理的方式分为技艺、科学、实践智慧、智慧和努斯五种。[141]其中，科学追求推理性知识之真，努斯追求科学据以推出的始点之真，智慧是二者的结合，是"各种科学中的最为完善者"[141]。三者都属于理论思辨（theoretike，又译为沉思），思考始因不变的事物，比如数学、物理学和神学。技艺和实践智慧则思考可变的事物，前者属于制作（poietike），比如造船术、医疗术等，后者属于实践（prakticke），比如伦理学、政治学等。显然，实践智慧既不同于思辨领域的科学，也不同于制作领域的技艺，而是属于实践领域的智慧。

实践智慧不同于科学。第一，所考察的对象不同。科学的对象是永恒的、必然的和不可改变的事物；而实践智慧的对象是可变的、具体的事物。第二，所采用的研究方式不同。科学遵循从一般到个别的逻辑演绎的推理程序，具有可证明性；实践智慧则与严格的科学证明无涉，它使用的方式是好的考虑、好的理解和体谅。第三，知识类型不同。科学知识是一般的、普遍的知识，具有客观性和确定性，因而一切科学既可以习得又可以传授；而实践智慧是具体的、特殊的知识，具有特殊性和经验性，不是通过学习或传授就能全部掌握的。

虽然实践智慧和技艺的对象都是可变之物，但是二者既不相同又不互相包含。第一，所属领域的始因不同。就技艺所属的制作领域而言，制作本身不是目的，而是手段，其目的在制作活动之外，比如医术的目的是患者的健康，医术是达到健康的手段，其本身并不是目的；就实践智慧所属的实践领域而言，实践活动本身就是目的，比如我们通过正义或勇敢的事而变得正义或勇敢，而不是为了正义或勇敢所带来的财富或其他东西。第二，与德性的关系不同。技艺包含德性，可以与德性分离；而实践智慧不包含德性，它与德性不可分割。比如，医术可以带来健康，但健康并不一定只需要医术。再如，做正义之事即为正义之人，反之，若为正义之人需做正义之事，二者不可分割。换句话说，实践智慧是与德性相伴随的，否则，它就会堕落为仅把手段与目的联系起来的某种狡诈能力而已。第三，涉及错误的结果不同。在技艺这里，出于意愿的错误可能是好的，比如匠人会有意改变制作所使用的手段或调整所遵循的程序，这对于既有的制作而言是出于意愿的错误，而这种错误却能丰富制作工艺，创作出更好的产品；就实践智慧而言，出于意愿的错误只能使整个实践活动变成一场灾难，因为实践智慧的践行本身就是目的，所以在实践中任何出于意愿的错误只会走向善的反面，导致恶和无益。

从实践智慧与科学和技艺的辨析可以看出，近代以来的科学、技术和实践的含义与亚里士多德所阐释的概念有很大的不同。曾经与现实生活无涉的科学，在现代成为一种统治一切的社会因素，掌握了社会实践的所有领域，比如科学的市场研究、科学的指挥战争、科学的外交政策等[138]；曾经主要与伦理相关的实践，在现代意义上则被定义为与理论相对的东西，指的是科学理论的实践性运用，在谈论实践时，"我们总是始于现代的科学概念，并被驱使着按照科学应用的思路思考问题"[149]；曾经只与制作活动相关的技术，在现代却被赋予工具理性的色彩，成为导致现代文明危机的根源。这些转变的原因在于，"在伽利略和惠更斯的机械学中获得巨大成果并在笛卡尔的方法概念中得到其哲学表述的方法的优先性，从根本上改变了理论和实践的关系"[213]。实践逐渐被思辨和制作所取代或吞噬，思辨的以主客二分为特征的客观主义取代了实践的以主客关联为特征的参与主义，制作的实用主义与功利主义替代了实践的道德主义。实践智慧在近代科学理性主义的洪流中日益失落，精神科学失去了其合法性根基。

实践智慧作为人类追求真理的知识形式之一，是对好的生活的谋划、探索和审慎，并能使人在现实实践中成为正义、高尚和善良的人。如果我们把人在实践中的智慧让位于科学理性的霸权和技术理性的统治，那么，人类将会逐渐失去对技术及其后果的掌控，最后的结果是人之为人的自由以及对善的选择的丧失，这也是现代技术所引发的伦理问题的症结所在。网络信息技术的无规约应用对个人隐私权的侵犯，纳米技术的无限制开发对生态环境和人类健康造成的威胁，人工智能技术的无规定探究对人的自然尊严的考验，无规定性的基因编辑技术对人的自然本性的潜在威胁等，都向人类拉响了警报。

5.1.3　实践智慧的诠释学复归

实践智慧的消解和失落，不仅仅使以实践智慧为本质内容的精神科学失去古希腊时期所具有的尊严，还势必会导致科技理性对社会的进一步统治。面对精神科学的式微和当代科学技术的飞速发展以及由此产生的诸多问题，伽达默尔坦言，"正是亚里士多德的实践哲学——而不是近代的方法概念和科学概念——才为精神科学合适的自我理解提供了唯一有承载力的模式"[138]。倡导实践智慧，才能建构真正的、富有生命力的精神科学模式，并合理阐释现代技术的伦理风险，这也是作为实践哲学的诠释学的核心和意义。由此，实践智慧作为理解的内在要素和根本目的，可以为建构以善为核心的现代技术伦理指明方向。具体来说，实践智慧的诠释学复归包括前后相继的四个环节。

首先，将理解中的应用（anwendung）问题确定为诠释学的基本问题。在古老的诠释学传统里，应用问题具有十分重要的地位。虔信派诠释学家兰姆巴哈（Johann Jakob Rambach）将应用的技巧（subtilitas applicandi）添加到诠释学最初的理解的技巧（subtilitas intelligendi）和解释的技巧（subtilitas explicandi）之中，由理解（verstehen）、解释（auslegen）和应用（anwendung）构成理解行动的三要素。不过，作为一种"需要特殊优异精神造就的能力"[131]，即"技巧"（subtilitas），三要素之间的关系是相互分离、依次递进的。浪漫主义诠释学则与之不同，认识到理解和解释是内在统一的。不过，浪漫主义诠释学虽然注意到理解和解释的内在结合，却把应用从诠释学中排除出去，使诠释学从原本具有的规范作用缩减为一种单纯的方法论。伽达默尔则把应用看作与理解和解释相统一的组成要素，他并不是要返回到虔信派诠释学的老路上去，而是选择了一条否定之否定的理论路线，将应用从与理解和解释相分离的"技巧"，转变为与理解和解释不可分割的一部分。也就是说，"应用不是理解现象的一个随后的和偶然的成分，而是从一开始就整个地规定了理解活动"[131]，摒弃应用的理解不是真正意义上的理解。比如，我们对某一法律条文的理解，一定是在具体境况里的理解，即通过解释使抽象的法律条文具体化于法律的有效性中，理解在这种情况下乃是一种应用。从根本上说，"理解乃是把某种普遍的东西应用于某个个别具体情况的特殊事例"[131]。因此，诠释学的关键问题在于普遍与特殊之间的关系问题，即理解的应用问题，而普遍与特殊之间的关系问题是实践智慧的核心问题，诠释学的应用与实践智慧之间具有内在一致性。

其次，恢复亚里士多德的实践概念。近代以来，实践的概念往往被定义为与理论相对立的东西。对实践这一术语的使用有着反教条主义的意味，仅表示对理论的实际性应用，实践在科学时代以及追求科学确定性理想的时代失去了它的崇高地位。面对"实践概念的衰亡"，伽达默尔认为，我们不能在狭隘的意义上理解实践的概念，实践其实是我们实践生活总体，包括我们在生活世界中所有的活动和行为。简言之，实践就是我们的生活形式（lebensform）[139]。因此，我们必须将实践从那种与理论相对立的语境下解脱出来，"只有建基于知识之上的生产，即为政治生活提供了经济基础的'制作'（poiesis），才是实践的对立者"[149]。实践实际上是一种被"自由选择"（prohairesis）所引导的生活方式，这是人类的实践活动区别于动物的实践而独具的品格。这是因为，"自由选择"是人所特有的理解和解释的能力，"当宁要一物而不要另一物时，它有责任以自己的知识说明如此选择的理由。换句话讲，它必须指出这种选择与所谓'善'（good）的关系"[149]。这种能力不像技术那样既可以学习又可以传授，比如造船、医术，况且没有任何可习得或学成的技术可以使我们从思索和决定的重负下解放出来。"自由选择"的能力虽然既不能学习又不能传授，但却能在人的实践活动中养成和实现，并为人们的行动指明方向。此外，"自由选择"暗示着诠释学境况的复杂性和特殊性，我们的理解只有在现实的具体境况中才能真正实现。

再次，继续强调"实践智慧"对于实践活动的重要性。众所周知，亚里士多德的实践智慧概念源自对柏拉图的批判。一方面，亚里士多德批判了柏拉图的善的理念。在亚里士多德看来，柏拉图的善的理念乃是一种空疏的共相，"就算有某种善是述说着所有善的事物的，或者是一种分离的绝对的存在，它也显然是人无法实行和获得的善"[141]。就如医生并不抽象地研究健康一样，他所研究的只能是某个具体的人的健康。由此，亚里士多德指出了善的可经验性和可实践性，将"属人的善"作为实践哲学的主题。所以，对任何一个具有某种活动或实践的人来说，他们的善就在于那种活动的完善，比如慷慨之人在于做慷慨之事，而对与人的善相关的事情的考虑或权衡就是一种实践智慧。另一方面，不同于柏拉图对智慧（sophia）和实践智慧（phronesis）的混同，亚里士多德将二者明确区分开来。智慧的对象是不可变的永恒之物，而实践智慧的对象则是现实生活中的可变事物。"如果德性是品质，那么仅仅知道德性就并不能使我们做事情更有德性"[141]。也就是说，如果无法将有关善的知识合理地应用于具体的生活实践，则是没有意义的。正如知道什么是健康和强壮并不等于做有益于健康和强壮的事，因为懂得医学和运动学与我们做有益于健康和强壮的事之间并没有必然的联系。正如"自由选择"即是在实践智慧的引导下所做出的抉择一样，现实的生活实践需要一种妥善地处理一般知识和具体境况之间的张力问题的能力，即"实践智慧"。

最后，发掘实践哲学的诠释学意蕴，走向作为实践哲学的诠释学。伽达默尔晚年在与杜特的谈话中指出，实践智慧"只在具体的情景中证实自己"，也就是在具体的情景中，"您必须自己决定去做什么。为此您就得理解您的情景。您就得诠释它，这就是伦理学和实践理性的解释学之维"[149]。可见，实践与理解密切相关，我们进行实践的过程也是理解展开的过程，而理解也并不是游走在实践活动之外的空疏的理解，理解乃是实践的一个核心要素。由此，诠释学本身就不仅仅是一种与理解、解释相关的理论，同时还是实践的哲学，实践智慧作为理解的内在要素和根本目的，成为作为实践哲学的诠释学的核心。

因此，诠释学就不只是一门关于理解和解释的理论，它还是同人的善恶相关的，致力于人的善的选择的实际学问。面对现代科学技术的飞速发展以及由此带来的伦理问题，我们应当通过诠释学的自我思考召唤实践智慧，使人们清醒地反思自己和周遭的世界，以构建一种以善为核心的现代技术伦理。

5.2　实践智慧关涉现代技术伦理的必要性

在现代社会，"技术已成为地球上全部人类存在的一个核心且紧迫的问题"[93]。现代技术在改善人类生存条件、扩大人类自由度的同时，也有压制人类行为、缩减人类自主性的危险。如果我们把人在实践世界里的智慧让位于技术理性的统治，将人作为自为存在的、独立的、否定的自身淹没在无条件的生产中，遗忘了我们的生活世界和作为我们的"生活方式"的实践，势必会丧失对技术及其后果的控制，最后就是人之为人的自由和对善的选择的丧失，这也是现代文明危机的根源。"人类乘坐着一叶舢板，我们必须掌好舵，以使它免遭触礁之险"[139]，尤其是现代技术的当代发展所展现出的超验性和不确定性已超出人类的日常经验的认知范围，伦理理论与现代技术实践之间的矛盾、伦理规约与现代技术发展的张力，以及技术理性的膨胀和人文精神的萎缩，都与实践智慧的式微密切相关。因此，有必要通过诠释学的自我思考召唤实践智慧，为人类的行为实践做出理性导航，从人的现实存在和人类生活实践的整体出发，引导人们有意义、负责任、理智地利用现代技术，构建以人类最大的善为核心，兼具情境性和前瞻性的现代技术伦理。

5.2.1　伦理理论与现代技术实践的矛盾

自诞生以来，现代技术伦理的研究范式一直以"外在主义"（externalism）进路为主导，侧重于从技术的负面后果出发对技术进行伦理反思和批判。这种研究进路把伦理理论看作外在于技术实践活动的规范性力量，伦理学家所扮演的是"吹哨人"的角色，即当他们发现技术活动中有不道德的实践或者技术出现负面后果的时候及时"吹响口哨"[169]。现代技术的当代发展所呈现出的不确定性、超验性和不可逆性等特点使得这种研究进路的理论局限暴露无遗，全球化的技术革新速度常常导致伦理理论在技术发展面前步履蹒跚并束手无策。有人戏言，这就好像是把"脚踏车的制动装置安在了一架大飞机上"[214]。而且随着社会的多元化和功能的多样化，技术的发展愈来愈不受规范标准的影响，它有着自身演进和发展的逻辑。伦理规约与现代技术实践之间的矛盾日益激化，如何缓释二者之间的矛盾，使现代技术伦理跳出"毫无实践意义的动听说教的圈子"[215]，需要根据具体技术情境加以考量的实践智慧。

一般来说，外在主义进路的伦理规约与现代技术实践之间的矛盾主要有以下几个方面：

第一，在人与技术的关系问题上，外在主义坚持只有人是伦理空间的唯一组成要素，忽视了技术人工物对人的知觉、行为等方面的"居间调节"作用，使得伦理规约不能完全囊括技术实践中所有可能出现的问题。外在主义秉承笛卡尔式的"二元论"传统，认为主体与客体、人与物之间是严格二分的，它们之间的地位没有对等性。在外在主义看来，只有人具有完全的能动性，是唯一的伦理主体，技术只是被动的存在者，是被认识和规约的对象，这与现代技术发展的特点不相匹配。现代技术已经不是单纯合目的的手段或工具，而是人、自然和世界的构造。比如，手机已经不是一个单纯的通信工具，而是身体的一个有机部分，就像"海龟身上的壳一样，变成了人身体上的壳"[216]；手机还是衡量人们是否社会化的一个标尺，"拥有手机的人和没有手机的人，也即是参与公共世界的人和不参与公共世界的人"[217]。技术不再是"待宰的羔羊"，而是形塑着人的存在方式和生活方式。因此，对现代技术的伦理规约，必须充分考量技术自身的调节属性，尝试将伦理规约和道德规范嵌入技术人工物，使其在使用过程中发挥道德规约的作用，这是一个需要运用实践智慧进行权衡的过程。

第二，在伦理与技术的关系问题上，外在主义坚持伦理是技术之外的监督力量，过于关注技术造成的伦理影响，忽视了技术的正面价值，这在一定程度上可能会阻碍现代技术的发展而被工程师、科学家和技术人员诟病。外在主义认为，伦理问题是由技术的负面后果导致的，侧重于批判技术的消极价值，对技术的发展从外部进行简单粗暴的"家长式"监督，这种做法忽视了技术中所蕴含的正面的、积极的价值对解决伦理问题的促进作用。比如，基因检测技术虽然有泄露个人隐私的风险，但也可以促成人们在信息更加健全的基础上，尽早做出医疗方案的选择。乳腺癌基因诊断检测就是一个很好的例子，此类检测可以预测某人罹患乳腺癌的风险。2013 年，著名演员安吉丽娜·朱莉（Angelina Jolie）公开宣布进行双乳切除手术，她发现自己携带 BRCAI 基因，有 87% 的乳腺癌风险和 50% 的卵巢癌风险[218]。现代技术伦理不是要一味地挥舞伦理的大棒对技术进行批判，而是要审慎地挖掘技术蕴含的道德建设作用，使现代技术在合乎伦理的前提下尽可能地将这种道德能动作用表达出来，促进现代技术良性健康发展。

第三，在关注的焦点上，外在主义重点关注的是技术下游的应用环节，而对技术上游的设计、创新环节关注不够，往往在技术的负面结果出现之后才进行反思，只能说"亡羊补牢，为时已晚"。这种"马后炮"式的伦理理论无法应对现代技术实践后果的潜在性、累积性和不确定性等。尤其是纳米技术、信息技术、生物技术和基因技术等高新技术对人与自然的干预和改造已经深入最基础、最核心的层面，其伦理后果更加难以确定。比如，微生物基因转变技术（又称"白色"基因技术）可以将用在生物技术生产中的微生物予以优化，不仅能生成洗涤剂、食品和药品生产所需要的原材料，比如各种酶、抗生素和维生素等，还能帮助企业降低原料的依赖性，减少垃圾处理成本等，但也有被用来制造生物武器的风险；大数据技术可以用来预测犯罪的发生、预防禽流感的散布，甚至可以用来预测美国选举的结果，但其不合理的滥用也可能给个人隐私带来巨大的风险；转基因技术虽然带来了巨大的社会效益和经济效益，但也存在着破坏生物多样性的潜在威胁。如何从技术的上游设计环节对技术进行干预，做到事先预防，规避伦理问题的发生，是需要结合技术自身的特点进行理性选择的过程。

5.2.2 伦理规约与现代技术发展的张力

伦理规约与现代技术发展的张力，主要是技术后果的不确定性导致的。与传统技术相比，现代技术的发展速度更快，渗透范围更广，影响规模更大，这使得技术发展的方向性与后果的不确定性之间的张力越来越大。技术后果远远超出人们的预测能力，致使我们对技术所产生的伦理问题的反思速度远远落后于新问题产生的速度。比如，转基因技术可以提高食品的品质和营养价值，却可能存在包括食品安全、生态安全和生物多样性等方面的风险；网络信息技术提高了人类活动的自由度，丰富了人们的生活，却有被监视的风险，亚马逊监视着我们的购物习惯，谷歌监视着我们的网页浏览习惯，Facebook 似乎什么都知道[219]。对于现代技术难以预料的后果，正如贝尔纳·斯蒂格勒所说，"我们并不立刻理解它的实际内容和它的深层变化，尽管我们不断就当代技术采取措施，但是我们却越来越感到它们的结果是始料不及的"[220]。如何合理地把握技术发展的"中道"，以避免其产生危害人类的严重后果，如何对技术可能产生的后果做出前瞻性的预测，即如何处理伦理规约和现代技术发展的张力，是一个需要根据具体境况进行理性选择的过程。技术后果的不确定性主要表现在以下几个方面：

一是技术后果的功能失常性。功能失常指的是"技术客体的功能得不到正常发挥的状态"[221]。比如，原本用来方便交易的 POS 机却被别有用心之徒用来进行虚假交易或非法套现；本来用于方便人们出行的打车软件在刚兴起时却给了"黑车"司机可乘之机。产生这些问题的原因在于技术人工物的结构和功能之间不能完全对应。一般来说，技术人工物具有物质结构和意向功能两个属性。从学理的角度讲，二者之间是辩证统一的关系。物质结构是意向功能的物质载体，意向功能是物质结构的具体运用。但是在现实层面上却不尽然，同一物质结构在不同的实践语境下可以体现出多种功能，譬如一把斧头，既可以用来砸物、劈柴，也可以用来伤人；同样，同一种意向功能可以通过多种物质结构实现，比如出行，我们可以根据自身的实际需要选择汽车、火车或者飞机等。技术人工物的这种物质结构和意向功能不完全对称的特性被称为"多重实现性"或"非充分决定性"[222]。之所以存在这些特性，是因为物质结构和意向功能的实现场景不同。前者一般在技术设计场景中实现，后者则往往在使用场景中实现。要实现物质结构和意向功能的统一，就需要技术设计者充分考虑到使用场景中可能出现的各种情形，这是因为，从根本上说，技术人工物的物质功能的"根基是建立在它所处的情境之中"[223]。因此，技术设计者在创造性地发掘技术设计的路径之外，还应该充分考虑技术可能的实现情境，即将技术人工物的物质结构和意向功能和谐地统一在一起，这就需要技术设计者在技术设计的过程中担负起"考虑周全的责任"，即在各种情形中进行选择、权衡的实践智慧。

二是技术后果的累积性。与传统技术相比，现代技术的后果不是立见成效的，而是经过较长时间的积累才显现出来的，而且这种累积的效果可能会继续延伸。以加拿大转基因油菜中超级杂草的威胁为例，1995年，加拿大开始对抗除草剂的转基因油菜进行商业化种植，提高了产量，给加拿大带来了丰厚的经济效益。但在2002年，英国政府环境顾问向英国《自然》杂志提交了一份描述加拿大转基因油菜中超级杂草的威胁的报告，报告中称这种杂草其实是拥有抗三种以上除草剂的杂草化油菜，是由对不同除草剂具有抗性的转基因油菜通过交叉传粉产生的。这种超级杂草不仅会蔓延到传统油菜田中，也会与野草竞争生存环境，对传统野生油菜和野生草的生物多样性造成了威胁。[224]从1995年到2002年，时隔7年，使用转基因油菜的后果才明显地显现出来，而且转基因技术造成的损害是不可逆的，即使及时采取相应措施，我们也无法回收所有的超级杂草，因此这种后果还会继续累积。传统的伦理规约"仅考虑非累积的行为"[225]，无法应对现代技术累积性的后果，这就需要一种具有全局性、长远性和可持续性的伦理规约。比如，汉斯·约纳斯提出的责任伦理就是一种"作为未来人类之虚拟委托人所承担的那种前瞻性的责任类型"[226]。对技术发展的可能后果或未来趋势的整体性、前瞻性的预测，是一种根据现实境况进行理性选择的实践智慧。

三是技术后果的不可预知性。这主要是技术主体的局限性，或知识储备、能力有限，或经验不足导致的技术后果无法精准预知或者不能充分预见技术结果的呈现。此外，在技术系统操作的过程中存在着"常规化偏差"[227]的现象，就是技术系统允许一定量的数值偏差。但"常规化偏差"和其他偶然性因素的结合，也可能产生技术系统不能允许的数值偏差，这会在某种程度上放大技术后果的不确定性，伦理规范对技术后果的干预也会因此被流放在技术过程的无数中介环节中。这并不意味着伦理规范因此彻底无效，而是要求从技术伦理系统论的视角对技术进行全方位的干预，在发挥主观能动性时提前有着伦理规范的自觉，将技术逻辑与伦理逻辑进行视域融合。易言之，要在技术后果的不可预知性最终呈现之前的诸多环节中运用实践智慧进行前瞻性的把握。比如，"负责任创新"要求在技术研发的上游阶段引入伦理规约；"价值敏感设计"要求在技术设计的整个过程中纳入安全、公正、隐私等价值，以规避技术无法预知的后果。

5.2.3　技术理性的膨胀与人文精神的萎缩

不可否认的是，现代技术已经渗透到人类生活的各个角落。它不是单纯的工具，而是和人类的整个命运联系在一起。核技术、基因技术、大数据技术、人工智能技术等在改善人类生存条件、丰富人类生活方式、扩大人类活动范围的同时，存在缩减人类自主性、威胁人类自然本性等危险。然而，"正是依赖于从根本上放弃和自己全部活动能力相关的自由，人们才享用到了现代技术可以使我们得到的这些惊人的舒适条件，占有了不断增加的财富"[149]。这既是我们文明成熟的标志，也是"我们文明危机的标志"[149]，这是因为我们在和世界的交换过程中丧失了自身的灵活性，也就是说，是技术理性的膨胀与人文精神的萎缩塑造了我们时代的面貌。如果我们在实践世界里的所有决断、理性都让位于技术理性，我们会使自己"在技术变化的海啸中无能为力"[129]，最后是人之为人的自由的丧失。从根本上说，技术理性的膨胀与人文精神的萎缩主要是实践智慧的式微导致的，主要表现在以下两个方面：

其一，过于抬高科学技术，将科学的理论知识看作一切知识的典范，忽视了人类认识世界的其他方式，尤其是实践的道德知识。由前文的分析可知，亚里士多德区分了人类获得真理的五种能力或知识形式，即技艺、科学、实践智慧、智慧和努斯[141]。其关于科学和实践智慧的区分分别指向两种不同的知识类型，即科学的理论知识（比如数学、物理学等）和实践的道德知识（比如伦理学、政治学等）。二者之间具有明显的区别。首先是研究对象不同。科学的理论知识研究永恒的、必然的和不可改变的事物，主客体之间在这种知识里是二元对立的关系；实践的道德知识研究可变的事物，主客体之间在这种知识里处于一种互涉的内在关联。其次是研究方式不同。科学的理论知识遵循严格的科学推理程序，具有可证明性；实践的道德知识则与证明无关，正如亚里士多德所说，"只要求一个数学家提出一个大致的说法，与要求一位修辞学家做出严格的证明同样不合理"[141]。最后，也是最重要的一点，是追求目标不同。科学的理论知识追求的是与人的生存和价值无关的客观真理，即求真；实践的道德知识则以实现人类幸福为旨归，即求善。在亚里士多德看来，人类对知识的追求，除了以求真为目标的科学的理论知识之外，还有一种更为重要的知识，即以求善为目标的实践的道德知识，后者才是"最权威的科学"[141]。但现实却是，作为西方文化特征的科学（science）概念的内涵是由亚里士多德的科学（episteme）概念所规定的。因此，近代科学就是一种基于主客二分的立场通过严格的科学证明，研究那些必然的、不可改变的存在的科学的理论知识。如果我们单向度地推崇科学的理论知识，盲目崇拜科学真理，必然会忽视或牺牲人类其他的知识或真理形式，尤其是以善和恶为主要内容、与人类的切身生存和命运相关的实践的道德知识。

据此，伽达默尔发出感慨，西方文明的厄运也许就在于这种科学的概念之中[138]。在近代科学概念的加持之下，技术理性一路膨胀，"普罗米修斯终于摆脱了锁链：科学使它具有了前所未有的力量，经济赋予它永不停息的推动力"[225]，现代技术和科学的联姻一起铸就了我们的时代。毋庸置疑的是，在现实实践过程中，科学和技术的发展确实拓展了人类的行为能力，并仍在不断改变且改善着人类的生活。然而，这并不能掩盖其在自然、人和社会的实践过程中带来的问题，核泄漏事故对环境的污染、转基因农作物的使用对生物多样性的破坏等都给我们敲响了警钟。"变得贫穷的非人类生命、退化的自然也意味着一种贫困化的人的生命"[93]。面对当代科学技术的剧烈发展，如何将富裕的、有意义的生存引入现代技术的未来发展中，构建一种以"善"为核心的现代技术伦理，需要召唤实践智慧的回归。

其二，技术的应用侵蚀了实践的伦理意蕴，从而将实践智慧从实践中排挤出去。实践在古希腊时期的伦理意义的消解始于培根时代。众所周知，在亚里士多德那里，实践是一种不同于工匠的生产活动即"制作"的活动形式，它根源于一种实践智慧。实践智慧是一种关于最高的善的思虑与谋划活动，考虑的是对整个生活有益的事情，这种活动本身就是目的，正如亚里士多德所说，"实践的目的就是活动本身"[141]。因此，实践作为一种最高的善的实现活动，本质上是一种基于终极道德关怀的、关于人与人之间交往行为的活动，而不包含体现人与自然关系的技艺和生产活动。然而，培根不满意由此发端的重视道德哲学而轻视自然哲学的学术传统。他认为，自然哲学才应被尊崇为"科学的伟大母亲"[228]，并在自然科学领域证明了其所提倡的归纳法的重要作用，进而把经验与理论、真理与目的、功效等成功地联结在一起[229]，还用这种自然主义的思维方式重新界定了实践的含义，他将实践分为机械学和"幻术"（比如毒药、磁石、火药等）两个部分[228]。前者被纳入物理学，后者虽被纳入形而上学但所涉领域均与自然有关。实践在培根那里被置于自然科学的视域之中，从而彻底背离了亚里士多德所赋予的意义，当"把科学理解为经验科学，甚至变成一种技术原理时，实践就只能是一种技术性活动"[230]。

这样，实践便从与人相关的道德领域滑入自然科学指导下的生产制作领域，实践在原初意义上所蕴含的伦理意义被吞噬，实践智慧也因缺乏确定性的奠基而被流放，由确定性和功效性保驾护航的技术则超越实践智慧一跃成为被推崇的对象，这既是技术理性膨胀的根源，也是近现代人被技术理性支配的悲哀。毋庸置疑的是，现代技术的发展推动了社会的发展和人类的进步，极大地丰富了人类的物质生活和精神生活。但是，如若把这种征服自然的精神推向极致，将实践所蕴含的伦理意蕴完全清除，将人在实践世界的智慧让位于技术理性，那么，人也会在技术理性的裹挟下逐渐迷失，最终是人之为人的自由和对善的选择的丧失。

5.3　实践智慧在现代技术伦理中的展现

实践智慧作为理解的内在要素和根本目的，在现代技术伦理的发展中展现为现代技术实践与伦理理论的统一、现代技术发展与伦理规制的中道和现代技术主体伦理意识的自觉，为现代技术伦理的健康、可持续发展提供了核心保障。

5.3.1　现代技术实践与伦理理论的统一

以微观和宇观为发展取向的现代技术呈现出前所未有的超验性和不确定性，主要表现为现代技术发展日益扩展到人类经验无法直接触及的领域，现代技术的发展轨迹无法预言，以及现代技术后果的无法预知。现代技术自身的超验性、技术发展的不确定性和技术后果的不可预测性，使得技术实践中既有的伦理原则和具体的技术情景之间存在着巨大的张力。如何将普遍的伦理原则应用于具体的技术情境，涉及的便是普遍的原则和特殊的情境之间的关系问题。实践智慧作为一种应对具体情境的理智能力，强调具体情境的优先性，有助于妥善处理现代技术实践与伦理理论之间的张力问题。

从现实的实践过程看，一般的原则无法囊括特殊情境的多样性、复杂性和变动性。如何将一般的伦理原则应用于具体的境遇，或者说如何对普遍的东西进行具体化，乃是一种联结一般与个别、普遍与特殊的实践智慧。从历史上看，亚里士多德充分肯定了实践智慧对于总体上的善和好的生活的关涉，并明确指出，实践智慧"不是只同普遍的东西相关。它也要考虑具体的事实"[141]，因为实践总是和特殊的事物相关，因此，只有既能把握普遍的原理又能洞察个别的行为事实，才能最大限度地实现实践智慧的功能，才能谋划好的生活，深思熟虑对人有益的事情。伽达默尔则把对普遍的事物的具体化作为诠释学的基本经验，在他看来，实践知识必须与具体情境联系起来，它只有经过具体化才有意义，"把一般和个别结合起来，这就是一项哲学的中心任务"[213]。可见，作为诠释学的基本经验和核心任务，实践智慧注重普遍原则和特殊情境的沟通。

传统的技术伦理在某种程度上是一种"应当伦理学"，它将技术伦理看成运用伦理原则和规范解决技术问题的"技术"或"工具"，侧重于其在技术实践中的"应用技巧"。这种理解伦理理论与技术实践问题的认知模式强调理论的普遍性和具体的个别事物的单纯一致性，在处理以确定性、精确性和严密性为特征的技术问题时发挥了一定的作用。现代技术的当代发展使其已然超出了人类的直觉经验范围，使得既有的伦理原则和具体的技术情景之间出现了巨大的张力。诠释学所开启的以实践智慧为核心的认知模式，关注的对象是可变的事物和具体的情境，考虑的焦点是如何在可变的具体情境中进行行为，强调规则的普遍性和个别事物的"对峙"，这与现代技术的当代发展相契合。因此，从以实践智慧为核心的诠释学的视野来看，从理论阐释到现实实践并不是一个运用归纳法或演绎法来把握事物本质或规律的过程，而是一个人的理解在实践中逐步展开、生成的过程。在这一过程中，人以理解者和践行者的双重身份，从自身所处的具体情境出发，根据技术实践中的具体问题展开对伦理理论的理解，使伦理理论的普遍意义在技术实践的诠释学境况中具体化，并在具体化的过程中得到修正、补充和发展。比如，如前所述，传统网络浏览器中的Cookies在用户不知情的前提下侵犯了用户隐私，技术人员通过具有实践智慧的设定，把与知情同意相关的伦理价值华人道德规范在浏览器中有效地体现出来，即在传统伦理要求对信息技术失效的情况下，将伦理原则"嵌入"技术设计，使浏览器技术能更好地为用户服务，保护公众的隐私。从形式上看，此案例貌似是很平面化的设定，但在诠释学中能够还原其立体结构，技术人员实践智慧达成的背后有着自觉的技术伦理践行，而现代技术伦理的诠释学建构旨在实现技术伦理目的论和义务论的统一，在"初心—过程—结果"的链条化技术实践中，将善、正义、责任等抽象理念通过具体的设定，或者转化为具体的行为，或者凝聚为具体的技术人工物，通过物质的力量或者规范的力量实现"善行""善用"的整体化建构。

现实的技术实践过程往往既渗入了一般的伦理理论，又涉及具体的技术实践。就一般的伦理理论而言，其内容通常不限定于某一特定的技术情境，它既不是在该情境中形成的，也并不只适用于该情境，而是具有一定的普遍性。而具体的技术实践则直接地与特定的技术情境相关，它往往只针对某一特殊情境，并融合了对该情境的认识和理解。当实践智慧出场以沟通伦理理论与具体的技术情境时，一般的伦理原则和道德规范开始由抽象过渡到现实，通过引导人们解决个别技术情境中的问题，其自身不仅获得了现实的品格，而且被赋予了实践的意义；具体的技术实践在一般原则的指导下，开始克服自身经验的任意性和盲目性，在朝向自觉的层面提升的同时，也修正、补充和发展了既有的伦理原则。实践智慧指向具体的技术实践，同时意味着普遍原则和特殊情境的沟通，个别的、特殊的、具体的经验的引入，也包含着对普遍原则之抽象性的扬弃。因此，以理论指向与情境分析的沟通与交融为进路，实践智慧既消解了理论与现实、伦理原则与技术实践之间的张力，又使伦理原则和道德规范在发挥其应有的指导作用的同时，丰富了自身的内容。

5.3.2　现代技术发展与伦理规制的中道

除了沟通理想与现实、一般原则和具体情境，实践智慧作为对善的谋划和审慎，在更深的层面上表现为合乎"中道"的探索，有助于消解现代技术发展与伦理规制之间的矛盾。在现代社会，技术发展的方向性与后果的不确定性之间的张力越来越大，致使我们对伦理问题的反思和处理速度远远赶不上新伦理问题的增长速度。比如，将"纳米银"用于冰箱、餐具和服装上，虽然具有杀菌作用，却可能对环境造成潜在的风险；信息技术的发展虽然扩大了人的自由度，但其对数据的滥用却会侵犯人的隐私权。现代技术发展的不确定性与伦理规制的滞后性之间的矛盾日益显著，侧重于从技术的负面后果出发进行伦理反思、研究如何用伦理规制约束技术发展的传统技术伦理的局限性暴露无遗。如何合理地把握技术发展的"中道"以避免其产生危害人类的严重后果，抑或如何对技术可能的后果做出前瞻性的预测，需要根据具体境况进行理性选择，涉及的是实践智慧对"中道"的探索。

中道作为一种介于两种极端（即过度和不及）的中间的适度的德性，"不是事物自身的而是对我们而言的中间"[141]，也就是对适当的人、以适当的程度、在适当的时间、出于适当的理由、以适当的方式做适当的事。因此，对中道的寻求与选择不能以规则或传统的戒律来表达，而要靠实践智慧，换句话说，实践智慧能够确定一个具体情境中的中道[231]。在现实的技术实践中，实践智慧中对"中道"的筹划和探索表现为明辨度量分界和审时度势的能力。

明辨度量分界指的是将技术的发展和变化保持在一定的界限和范围之内，以避免因超越界限而导致的无序或混乱。技术的进步扩展了人类行动的可能性，此前人类无法做到的事情或者被认为无法改变的大自然和人自身的命运，如今成了技术可以改变的对象，人类生存条件的范围从而得以扩大，技术对自然、社会乃至人的干预应当控制在一定的界限之内。一旦超过一定的限度，此前被视为人类福祉的行为，便可能转化为人类的灾难。正如如果不能把握用钱的尺度，那么"原来可以认作节俭的行为，就会变成奢侈或吝啬了"[232]。虽然现代技术给人们的生活带来了诸多便利，但超越限度的技术行为却比比皆是。随着人类借助技术设备改造自然的程度不断加深，其对自然环境造成的负面后果也愈加明显。比如，空气和水资源的污染、生态平衡失调，以及全球气候变化等；随着信息及通信技术的发展和普及，可能产生的对个人信息数据的滥用会侵犯人的隐私权；纳米技术和基因技术的出现虽然使"人的技术改良"成为可能，但其无规约应用也会导致对人的自然本性和尊严的干涉。因此，为了使人、技术与社会健康、和谐、有序发展，需要明辨度量分界的实践智慧。

审时度势意味着对实践过程中所涉及的各种关系进行谨慎的权衡、审查与判断，以做出最为适当的选择，达到最为理想的实践结果。审时度势的能力不同于单纯的理论思辨，它没有固定的规律或程序可循，而是"通过对共时与历时、已成与将成、方向性与终点不确定性等关系的审察、判断，以往察来，从事物的既成形态，展望其未来的发展。"[233] 易言之，要考虑到技术实践情境的"对谈"特质，在价值多元化的现实语境下，将技术实践活动中利益相关者的机制诉求都考虑进来。在现实的技术实践中需要"考虑周全的责任"和"负责任创新"。"考虑周全的责任"要求我们在技术设计阶段将安全性、有效性、道德性等更多的现实因素考虑进来，以抵消模型的简单化带来的风险[234]；"负责任创新"则要求"从道德价值的角度出发，在直接和间接利益相关者的协助下，公开而富有前瞻性地评估和分析可选择方案及预见结果"[152]。比如，荷兰"智能电表"就充分考虑了利益相关者的价值诉求，是负责任创新与智能化的测量技术巧妙结合的成功案例，兼顾了投资者、建设者、消费者、监督者等多方价值诉求，智能电表不但可以及时反馈电量和电价等信息，提高客户的用电效率、优化能耗，还可以提供用电客户和电网状态信息，优化电网公司和售电商的运营与营销模式，实现了多方共赢。从诠释学的视角来看，智能电表融合了上述多方视域，是上述诸方的共同"在场"，而且这种共同"在场"在动态的对话机制中达成了诸要素的巧妙平衡，即诸方都能接受的"中道"，如社会的接受度、市场的发展度、消费者的接受度、建设者的执行度、监督者的权力度等，既体现实用原则也体现正义原则，既体现方便原则也体现平等原则，既体现创新原则也体现社会责任。所以，智能电表实现了技术发展与伦理规制的"中道"智慧。

5.3.3　现代技术主体伦理意识的自觉

实践智慧作为一种理性反思能力，离不开实践主体，通过内化为现代技术实践主体伦理意识的自觉，有助于弥合认识与实践、知与行之间的逻辑距离。科技工作者作为技术实践的主体，在现实的技术实践中，其行为的选择与行为的贯彻落实之间往往存在着一定的逻辑距离。具体来说，基于某种价值倾向选择某一技术行为，并不意味着一定会将该技术行为付诸实践；而具有实施某种技术行为的能力，并不意味着一定具有选择相关技术行为的价值意向。因此，实现科学技术活动求真与求善、认识与实践、知与行的统一，成为一个亟待解决的问题。

人的现实存在具有二重性，人既是认识的主体，又是实践的主体，其认识与实践的沟通往往缺乏自觉的内涵。以人的现实实践为目的的诠释学，通过实践智慧的理性反思将人的认识与实践联结起来，形成并实际地体现于人的理解和实践过程的现实力量，融入并内在于人的现实存在。实践智慧既渗入了对世界的理解，又包含着实践的意向，沟通了存在于人的认识与实践、知与行之间的距离，并为其联结注入了自觉的内涵。就技术活动的实践主体而言，实践智慧有助于使科学技术活动的合伦理性内化为其伦理意识的自觉，这既符合技术实践的内在要求，也是融伦理价值于科技工作者行为之中的重要诉求。在具体的技术实践中，科技工作者的实践智慧呈现为慎思、明辨、笃行，三者作为内化于科技工作者伦理意识的自觉共同存在于其伦理行为之中，相互渗透、彼此影响，使科技工作者的伦理行为保持在理性的张力之内，在具体的技术实践活动中不断产生自我更新的智与识，最终有利于人类生活的整体的善，从而使科学技术活动朝向正确的、有道德的方向迈进。

首先，慎思的实践智慧即善的整体性筹划，指的是科技人员的行为动因要达到合规律与合伦理的统一。也就是说，科技人员在技术实践过程中求真的同时，要把求善作为科学技术活动的最终价值目标，审慎思考自身的实践活动与人、自然和社会之间的关系及前者对后者产生的影响，在思想的深处自觉树立整体的和谐与善的意识，并以此为基础筹划科学技术活动。虽然科技人员作为科学技术实践活动的主体，具有鲜明的职业特征，但他们同时被称为"边缘人"（marginal men），其所处的地位是劳动者、管理者、科学家和商人的集合体[235]，具有所有社会参与者所具有的本性特征，如对自我利益的需求、潜在的私心或同情心等，这就导致其在承担不同角色任务的过程中表现出不同的行为动因，从而使其伦理行为千差万别，甚至具有天壤之别。如果技术人员的行为动因偏离了伦理的规约，就会导致视域狭隘、违背公德，也可以说是在特定视域的限定中走向了实践智慧的反面，比如英国发生的为防流浪汉露宿而设计出"攻击性长椅"这类事件。因此，科技人员若要转换利己主义、功利主义等行为动因，就要具备慎思的实践智慧，立足整体的宽广视野，把握技术活动的伦理内涵，使技术实践活动朝向善的方向迈进。

其次，明辨的实践智慧即明辨选择的智慧，指的是以明辨的眼光预见技术行为未来的可能性情境，即洞察技术情境的变化，辨别技术活动各要素之间的关系，进而正确和有效地预见各种特定的行动。"设定目的是人类的一种内在属性和特有能力。随着文明进步和社会发展，人的自觉与主动性日益提高，设立目的的问题对个人、由个人组成的集体以及人类社会都越来越重要"[236]。具体到现实的技术实践活动中，科技人员的行为目的主要表现为技术目标的界定和伦理行为准则的建立。前者决定技术行动的模式，后者决定科技人员解决伦理问题的方式。就现实状况而言，科技人员的行为目的呈现出狭隘性和模糊性的问题，其行为目的界定不当的现象屡见不鲜。譬如，唯技术至上，过于关注技术的经济效益而忽视了社会和公众的利益，闹出"给长颈鹿看"的三米高站牌这样的笑话。因此，科技人员在自觉意识到自身的技术实践行为与人类整体的幸福之间的关系之后，还需要具备明辨选择的智慧。一方面，科技人员要清晰辨别科学技术活动中的"义""利"关系，"义"是技术活动的伦理道义，"利"是技术活动的经济利益，在具体的技术实践活动中，要实现"义"与"利"的和谐统一。也就是说，在满足技术活动成本控制和经济效益的同时，以伦理道义为价值目标，做出合乎中道的行为选择。另一方面，鉴于现代技术实践活动影响的深度与广度的日益增加，科技人员要认真审视技术活动的可能后果与影响，综合考虑多元的价值诉求与技术活动之间的关系，体现技术活动的价值目标与科技人员的人文关怀，以规避或减少片面决策和错误判断给技术活动带来的不良后果。

最后，笃行的实践智慧即具体实践与价值目标的合一，指的是科技人员自身作为技术活动的实践者和伦理道德的承担者，要将自身具体的实践行为与价值目标结合起来。也就是说，在技术实践的展开过程中，面对变动不居的技术情境，要自觉反思自身行为的合理性，采取适当的步骤、选择适当的方式，协调多元主体间的行动，使技术实践活动的行为手段符合伦理要求，从而使科技人员做出有利于人类整体的善、有利于人类可持续发展的行为。行为手段是科技人员开展技术实践活动的具体行为方式，用以确保技术实践活动的顺利进行。现代社会的技术实践活动作为一个参与性更强的整体性活动，需要不同主体间的协调与配合。这种协调与配合既要尊重不同参与者的利益诉求，又要与人类整体的善相一致，或者说要符合伦理道德的要求。然而现实情况是，有些科技人员为达目的不择手段。比如，在 2008 年，美国塔夫茨大学一所科研机构联合中国国内相关研究机构，在中国家长未被告知的情况下，对湖南省一所小学内 25 名 6～8 岁健康的在校学生进行转基因大米（黄金大米）人体试验，违背了医疗伦理学和生物伦理学的知情同意原则。这种行为遭到国际、国内舆论的强烈谴责，参与研究的科学家和相关负责人员被解职[237]，这些学生的家庭虽然获得了当地政府 8 万元的赔偿，但研究者对参与实验者及其家人隐瞒了真相，隐瞒了被实验民众的知情权，更是置实验可能引发的风险于不顾，这何尝不是一种生物帝国主义的现实体现。科学无国界，但科学家有国界，国外研究机构拿发展中国家的民众作为实验对象，这也是一种赤裸裸的生物剥削。透过外在的表现样态究其本质，实则是将人与人之间的关系置换为人与"物"之间的关系。从诠释学的视角来看，这完全是对现代技术伦理根本旨归的背离，实验的组织实施者与被实验者之间根本没有在对话的基础上进行。这些科学家在背离人的最基本的"类"视域下进行人体实验，把作为平行主体的人视为默默无声的"小白鼠"，通过加工知情壁垒阻隔了对话的可能性，完全在主客二分的视域下从事违反技术伦理准则的实验，将自身的主观意志强加到被实验者身上。自事件开始，实验的组织者就对技术伦理进行古典功利主义的加工，将被实验者"理解"为可以被"牺牲"的少数人，没有在与时俱进的视域下进行伦理主体自身的建构；在实验过程中，又把被实践者视为观察对象，被实验者作为实验品只有数据呈现之类的"物"的言说，而没有作为"人"的言说，切断了现代技术伦理的诠释学进路，在实验后期走向了技术伦理的反面。在现实的技术实践活动过程中，科技人员不仅仅是技术活动的实践者，也是伦理道德的承担者，其作为社会关系中的一分子，受到伦理道德要求的制约，这在现代技术飞速发展且后果日益难以预测的今天具有更加重要的社会意义。因此，具体的技术实践过程不只是要以对整体目标的辨析、理解为前提，更要落实于具体的行动。在行动的过程中，科技人员要建立牢固的笃行意识，增强伦理责任感，将自身的实践行为与价值目标结合起来，反思事实与价值之间、手段与目的之间的关系，从而真正履行自身所肩负的伦理责任，确保技术实践活动合乎伦理道德的要求。

慎思、明辨和笃行作为内化于科学技术人员伦理自觉的三个维度，与开展技术实践活动的实践主体自身的行为动因、行为目的和行为手段密切相关，三者相辅相成，作为内化于知行过程的现实力量，具体化并统一于技术实践主体，制约并影响着他们的实践过程。其中，慎思的实践智慧关涉技术实践主体的行为动因，是使技术行为合规律与合伦理地形成的规制者，从而构建行为目的，并指导行为手段；明辨的实践智慧关涉的是技术实践主体的行为目的，是使技术行为符合中道的监督者，以批判性地审视行为动因，选择行为手段；笃行的实践智慧关涉的是技术实践主体的行为手段，是使技术行为达到实践与价值合一的引导者，通过自觉地以合乎伦理的要求对自身行为手段进行反思，使行为动因和行为目的最终正确、合理地落实，实现知行合一。

5.4 本章小结

本章阐明了"实践智慧"作为理解的内在要素和真正本质是现代技术伦理的未来指向，以构建一种以善为核心的现代技术伦理。

首先，从实践智慧的含义和特征出发，对实践智慧与其他知识形式尤其是科学和技艺进行辨析，通过辨析指出实践智慧在近代科学理性主义的洪流中日渐失落，精神科学失去了其合法性根基。如果人将自身在现实实践里的智慧让位于科学理性的霸权和技术理性的统治，那么，势必会使人类逐渐失去对技术及其后果的控制，最后的结果是人之为人的自由以及对善的选择的丧失，这也是现代技术伦理问题的症结所在。将实践智慧视为理解的内在要素和根本目的、作为实践哲学的诠释学可以为建构以善为核心的现代技术伦理指明方向，能够回答诠释学视域中的实践智慧"是什么"的问题。

其次，通过分析传统技术伦理理论与现代技术实践的矛盾、现代技术发展与伦理规约的张力，以及技术理性的膨胀与人文精神的萎缩，阐明了实践智慧关涉现代技术伦理的必要性和紧迫性，回答了"为什么"要用实践智慧关涉现代技术伦理的问题。

最后，阐明了实践智慧在现代技术伦理中展现为现代技术与伦理理论的统一、现代技术发展与伦理规制的中道，以及现代技术伦理意识的自觉，回答了实践智慧在现代技术伦理中"怎么样"的问题。

6

结语、创新点与展望

6.1　结语

现代技术的当代发展所呈现出的超验性困扰着人们对现代技术及其伦理问题的判断与认知，使得我们在现实的生活世界中理解超越人类经验直观的现代技术及其伦理问题成为迫切需要阐释的哲学问题。诠释学作为一种超越实证方法的精神科学，是关于意义、理解和解释的理论，用诠释学的基本理论对现代技术伦理进行研究，不但为我们理解现代技术及其引发的伦理问题提供了一种路径，为技术伦理学的研究增添了新视角，丰富了其理论内涵，还为消解传统技术伦理的理论局限，构建以善为核心，具有整体性、情境性和前瞻性的现代技术伦理指明了方向。

"前理解"作为此在的生存论环节之理解所固有，是理解得以可能的必要条件并不可避免地渗透到理解之中。现代技术伦理的前理解是形成伦理判断与预设的前提，但这种前理解并不是消极的、固定的和僵化不变的。由时间和空间差异所造成的时空距离不仅可以过滤技术实践中不合时宜的前理解，促使其在现实的技术境遇下进行补充和修正，生发出新的意义因素，还可以促成多元化的伦理观念在沟通中存异求同。现代技术伦理的效果历史澄明，就是对现代技术伦理的效果历史反思，在"人—技术—世界—历史"的统一体中关注技术的实践过程和内在动力，对技术伦理的反思从外向型的"技术评估"转向内向型的"技术伴随"，即不是在技术的负面后果出现之后才去进行补救，而是从技术过程的源头开始就充分预测到技术在将来对人的行为和社会可能产生的影响或效果。因此，对现代技术伦理的"前理解"进行研究，不但有助于超越传统技术伦理的"外在主义"困境，还有助于构建兼具情境性和前瞻性的现代技术伦理，使现代技术伦理的发展朝向未来展开。

"视域融合"是现代技术伦理中异质间视域交融和沟通的基本途径，它不是使一方的视域消融或受制于另一方的视域，而是使彼此视域向对方不断扩大且无限推移的过程。在历时态维度上，存在着现实技术实践与既有伦理原则之间的冲突；在共时态维度上，存在着异质性视域间的价值碰撞。对现代技术伦理的"视域融合"进行研究，有助于消弭伦理考量的价值冲突，不但可以在理解并继承既有伦理要求的基础上，结合具体的技术实践，使技术在传统与现实之间的各类视域中不断融合与扬弃，使前沿性的技术在一系列伦理的、法律的、行业的规则、规范发展中前行，发展成为一种具有伦理前瞻性和整体性的技术，还可以促进技术实践中各相关行动者之间的相互理解，消除信息的不对称性，进而更加有效地理解现代技术及其相关伦理原则、社会现象和实际影响等，构建健康、和谐、公平、公正的社会道德秩序。此外，由视域融合所凸显的"技术的道德化"和伦理的"物转向"意味着科学技术人员与伦理学家之间的有效沟通，有助于增强现代技术伦理的实践有效性。

"实践智慧"作为理解的基本经验和中心任务，是现代技术伦理未来发展的内核与未来指向。诠释学并不只是一门与理解和解释的"技巧"有关的理论，它关于理解的可能性、规则以及手段的思考都与人们的现实实践密切相关，理解在其本性上乃是一种实践智慧。面对超越人类生活经验的现代技术语境，我们要在实践智慧的反思下进行实践行为，实现现代技术实践与伦理理论的统一、现代技术发展与伦理规制的中道，以及现代技术伦理意识的自觉。因此，对现代技术伦理实践智慧的研究，在微观上有助于增强科学技术人员的伦理意识，在宏观上有助于使人们通过诠释学的自我思考召唤实践智慧，为人类的行为实践做出理性导航，从人的现实存在和人类生活实践的整体出发，引导人们有意义、负责任、理智地利用现代技术，构建以人类最大的善为核心的现代技术伦理。

诠释学的理论成果为我们理解和阐释现代技术及其伦理问题提供了新的路径和方法，对现代技术及其伦理问题进行诠释学阐释可以引导我们在效果历史中对既有的前理解进行理性反思，在对谈中观照多元主体间复杂的价值诉求，并让古老的实践智慧照鉴未来，从而使现代技术在承载人类命运的同时关涉人类的幸福，进而使我们更好地把握现代技术可持续发展的实质。

6.2　创新点

第一，从哲学诠释学的"前理解"理论出发，揭示"前有—前见—前把握"结构对于现代技术伦理意识形成的重要意义，指出发挥"前理解"积极作用并消除其消极影响的途径。在哲学诠释学的"前理解"语境下，现代技术活动过程中的行动者在深入技术实践境遇之前，关于技术的善恶的认知和把握奠基于一定的"前有—前见—前把握"结构，包括先行占有我们的社会背景、文化传统和技术语境，对技术事件伦理经验的积累、观念，以及对于安全、隐私、公平、和谐等伦理概念的认定，它们塑造并影响着我们对于技术的伦理认知和判断。但是，理解的前结构并不是消极的、僵硬的、固化的，而是随着理解的展开在"时间距离"和"空间距离"中体现为"现有"和"应用"的辩证逻辑。一方面，既有伦理观念中消极的、不合时宜的成分会通过"时间距离"被涤除，积极的、适宜的成分会通过"时间距离"被保留，并在新的技术条件下增加新的伦理维度，不断生成新的意义因素。另一方面，现代技术伦理活动实践者的"前理解"也会通过不同文化空间中异质性的技术主体之间的对话实现存异求同，在全球化的语境下使现代技术在多维伦理尺度的观照下前行。现代技术伦理的"前理解"在"时空距离"中生成的实践方式也只有在"效果历史"中达到澄明境界，即在"人—技术—世界—历史"的关系统一体中，以历史的、动态的、情境的、发展的视角审视现代技术的实践过程及其引发的伦理问题，使现代技术伦理主体主动通过自身的历史视角参与现代技术世界的良性构造，通过洞察现代技术复杂且丰富的历史、社会、人文内涵，在"正视—扬弃—更高层次的自觉建构"的逻辑脉络中，因地、因人、因时、因势不断更新，使历史中的伦理意识作为"积极的效果历史意识"外化技术实践的能动性，实现现代技术关涉现实世界的实用性和联结历史中的伦理道德意识之间的和谐统一。

第二，基于哲学诠释学的"视域融合"理论，揭示"共同体验—移情共感—道德想象"对现代技术伦理的促进作用，从历时态和共时态两方面展现了现代技术伦理的实践进路和目标。在哲学诠释学的视域下，现代技术伦理的视域融合源自自我视域和他者视域的敞开。这使得技术生活世界的共同体验、情感世界的移情共感和伦理实践的道德想象有着通达、碰撞和融合的路径。其中，技术生活世界的共同体验塑造着人们在技术所构造的生活世界中的道德认知，孕育着人们对于现代技术的伦理诉求，可以催生出良性的技术伦理意识；情感世界的移情共感是在人们感性认识的基础上发生的；伦理实践的道德想象则是基于理性对人之存在的现实困境突围的方向和途径。在敞开的视域下，从技术生活世界的共同体验到情感世界的移情共感，再到伦理实践的道德想象的过程，也是从体验到感性再到理性的认识论路径，三者彼此渗透，为现代技术伦理视域融合的顺利展开奠定了基础，具有积极作用。现代技术伦理的"视域融合"在历时态和共时态双重维度上展开，并在此基础上生成了现代技术伦理的实践进路和目标。历时态维度的视域融合在具体的技术实践与既有的伦理要求之间展开，以使现代技术伦理在传统与现实之间的各类视域中不断融合与扬弃，进而发展出一种具有伦理前瞻性和整体性的现代技术；共时态维度的视域融合在异质性视域间的价值碰撞中进行，以消弭信息的不对称，有助于促进各相关技术行动者之间的相互理解，构建健康、和谐、公平、公正的社会道德秩序。现代技术伦理视域融合的实践进路是现代技术伦理功能的彰显与伦理活动参与者的拓展，二者的最终旨归是构建伦理的生活世界。技术只有在生活世界之中才能显示其价值，伦理只有从生活世界缘起才能彰显其意义，视域融合作为深化理解的基本途径使得现代技术伦理的澄明之境得以在生活世界展现。

第三，立足于哲学诠释学的"实践智慧"理论，揭示了"慎思—明辨—笃行"对于现代技术伦理发展的方法论意义。在哲学诠释学看来，实践智慧作为一种理性反思能力，离不开实践主体。就技术活动的实践主体而言，实践智慧有助于使科学技术活动的"善行""善用"内化为其伦理意识的自觉。这既符合技术实践的内在要求，也是融正义、公平、安全、效率、平等、可持续等原则于技术共同体尤其是科学技术人员行为之中的重要诉求。在具体的技术实践中，科技工作者的实践智慧呈现为慎思、明辨、笃行的实践智慧。慎思的实践智慧关涉技术实践主体的行为动因，是使技术行为既合规律又合"善"的旨归；明辨的实践智慧关涉的是技术实践主体的行为目的，是使技术实践主体以批判性的思维审视行为目的，判明行为方向；笃行的实践智慧关涉的是技术实践主体的行为手段，是使技术实践主体自觉地以合乎"善"的方式反思自身行为手段，实现知行合一。慎思、明辨、笃行作为内化于技术共同体尤其是科学技术人员伦理自觉的三个维度，共同存在于其伦理行为之中。三者相辅相成、互相渗透、彼此影响，作为内化于知行过程的现实力量，具体化并统一于技术实践主体，使科技工作者尤其是科学技术人员的伦理行为保持在理性的张力之内，在具体的技术实践活动中不断产生自我更新的智与识，最终有利于人类生活的整体的善，从而使科学技术活动朝向正确的、有道德的方向迈进。

6.3　展望

本研究从现代技术的超验性特质出发，以现代技术伦理在现实的技术实践中所面临的问题为依托，在对国内外相关研究成果进行综述的基础上，通过对现代技术伦理诠释学诉求的梳理，提出了诠释学视角下的现代技术伦理概念并对其进行了深入的分析，探讨了现代技术伦理的自觉维度，分析了现代技术伦理的"间性"澄明向度，提出了现代技术伦理的未来指向，以期为学术界对现代技术伦理问题的研究和探讨提供一种新的思考维度或理论视角。鉴于自身学识和篇幅的限制，再加上所研究问题本身的复杂性，可以在如下三个方面作进一步的研究和完善：

第一，在诠释学视角下将现代技术伦理研究与中国文化语境相融合的问题有待进一步的研究。不同的历史文化传统、现实社会境遇和政治经济体制等对现代技术伦理问题的理解和解释具有重要的影响，不同社会文化背景中既有的伦理原则和道德观念早已沉淀到不同文化群体的心理结构之中，成为其进行伦理判断的前理解。我国在政治、经济、文化等方面均与西方国家存在着较大的差异，因而，在全球化背景下，未来的研究需要从中国自身的诠释学境遇出发，立足于中国的社会文化背景，通过批判地吸收中国丰富的理论资源，客观、全面地认识和理解当前中国存在的具体的技术伦理问题，并做出有利于中国现实实践的伦理决策。

第二，对现代技术伦理问题进行研究的诠释学维度和研究方法需要进一步拓展。诠释学在其悠久的历史长河中发展出不同的理论形式，比如一般诠释学、哲学诠释学、方法论诠释学、批判诠释学、文本诠释学等，对现代技术伦理进行研究的方法也各有千秋，比如STS研究方法、田野调查法、案例研究法、比较分析法等。本研究侧重于从哲学诠释学的维度，运用交叉学科研究法、概念分析法和案例分析法对现代技术伦理问题展开分析。未来的研究还需要吸收诠释学理论中其他维度的有益资源，比如哈贝马斯批判诠释学的交往理论，与此同时，广泛运用其他研究方法来更深入地研究、探讨诠释学视域中的现代技术伦理问题，也将为现代技术伦理的诠释学研究增添新的理论生长空间。

第三，对现代技术伦理视域融合的"尺度"和过程曲折性需要作进一步的发掘。作为深化理解的基本途径，视域融合使技术活动中的异质性视域在新的视域彼此拓展，如何在全球化背景下把握多元主体间视域融合的"尺度"，以观照技术实践活动中各利益相关者的价值诉求，消弭各行动者之间的信息不对称，促进相关行动者之间相互理解，进而增强现代技术伦理的实践有效性，需要在未来作进一步的探讨。此外，现代技术伦理的视域融合并不是一帆风顺的，在现实的技术实践中会出现各种冲突和碰撞，也会有意料之外的情形发生，如何结合现代技术实践的新特点，处理视域融合过程中的新问题，是今后的研究中需要进一步努力完善的方向。

参考文献

［1］　刘放桐，等. 新编现代西方哲学［M］. 北京：人民出版社，2000.

［2］　张能为. 实践就是伦理学实践——伽达默尔哲学伦理学的理论构想与意义理解［J］. 道德与文明，2019（6）：25-34.

［3］　夏基松. 现代西方哲学［M］. 2版. 上海：上海人民出版社，2009.

［4］　严平. 走向诠释学的真理——伽达默尔哲学述评［M］. 北京：东方出版社，1998.

［5］　潘德荣. 诠释学导论［M］. 高雄：五南书局，1999.

［6］　施雁飞. 科学解释学［M］. 长沙：湖南出版社，1991.

［7］　魏长宝. 经典诠释与中国哲学研究的范式问题［J］. 哲学动态，2003（1）：7-10.

［8］　洪汉鼎. 诠释学的中国化：一种普遍性的经典诠释学构想［J］. 中国社会科学，2020（1）：30-46；204-205.

［9］　潘德荣. "德性"与诠释［J］. 中国社会科学，2017（6）：23-41；205-206.

［10］　张江. 公共阐释论纲［J］. 学术研究，2017（6）：1-5；177.

［11］　彭启福. 论经典诠释的定位、性质和任务［J］. 学术研究，2018（2）：9-16.

[12] 景海峰. 中国经典诠释学建构的三个维度 [J]. 天津社会科学，2017（1）：52-58.

[13] 傅永军. 论中国经典诠释传统现代转型的路径选择 [J]. 哲学研究，2020（1）：21-28；126-127.

[14] 俞吾金. 实践诠释学 [M]. 昆明：云南人民出版社，2001.

[15] 潘德荣. 回顾与反思：关于马克思主义诠释学的探索 [J]. 安徽师范大学学报（人文社会科学版），2001（4）：478-482.

[16] 彭启福. 实践、文本与论释——关于建构马克思主义论释学的几点思考 [J]. 哲学动态，2004（10）：9-13.

[17] 江怡. 分析哲学与诠释学的共同话题 [J]. 山东大学学报（哲学社会科学版），2007（1）：21-29.

[18] 吴国盛. 走向现象学的科学哲学 [J]. 中国现象学与哲学评论，2011（1）：15-26.

[19] 吴彤. 实践与诠释——从科学实践哲学的视角看 [J]. 自然辩证法通讯，2019（9）：1-6.

[20] 郭贵春. 科学研究中的意义建构问题 [J]. 中国社会科学，2016（2）：19-36；205.

[21] 曹志平. 论解释学视野中的科学文本 [J]. 复旦大学学报（社会科学版），2003（5）：78-84.

[22] 吴国林、叶汉钧. 量子诠释学论纲——兼论公共阐释 [J]. 学术研究，2018（3）：9-19.

[23] 李创同. 库恩与解释学 [J]. 自然辩证法通讯，2013（1）：29-33；126.

[24] 丁道群. 库恩范式论的心理学方法论蕴涵 [J]. 自然辩证法研究，2001（8）：56-59；69.

[25] 王云霞. 科学理论成真概率的逻辑演绎——理查德·斯温伯恩科学哲学中的解释学原理 [J]. 自然辩证法研究，2014（8）：27-32.

[26] 赵乐静. 技术解释学 [M]. 北京：科学出版社，2009.

[27] 许继红. 雷蒙德·威廉斯技术解释学思想研究 [M]. 北京：人民出版

社，2016.

[28] 杨庆峰. 扩展的解释学和文本世界——伊德与解释学的关系 [J]. 自然辩证法研究，2005（5）：30-33；48.

[29] 计海庆. 后现象学思想解惑——唐·伊德技术哲学的实用主义与解释学维度 [J]. 长沙理工大学学报（社会科学版），2015（3）：27-32.

[30] 文祥. 伊德："技术诠释"是理解科学的基本原则 [J]. 科学技术哲学研究，2017（5）：79-84.

[31] 龚群. 论伦理学与诠释学的内在关系 [J]. 伦理学研究，2003（9）：11-18.

[32] 何卫平. 解释学与伦理学——关于伽达默尔实践哲学的核心 [J]. 哲学研究，2000（12）：60-77.

[33] 何卫平. 哲学解释学的伦理学之维——伽达默尔对莫拉图和亚里士多德"善"观念的解读 [J]. 道德与文明，2019（6）：13-24.

[34] 胡传顺. 伽达默尔伦理学的释义学意义探究 [D]. 上海：复旦大学，2011.

[35] 吴福友. 通往善的解释学之路——从西方文明危机看伽达默尔的实践哲学转向及其意义 [M]. 长沙：湖南师范大学，2003.

[36] 魏因斯海默. 哲学诠释学与文学理论 [M]. 郑鹏，译. 北京：中国人民大学出版社，2011.

[37] 洪汉鼎. 当代西方哲学两大思潮（下册）[M]. 北京：商务印书馆，2011.

[38] SVENAEUS F.Hermeneutics of medicine in the wake of Gadamer：The issue of phronesis [J]. Theoretical Medicine & Bioethics，2003（24）：407-431.

[39] MORE E S.Empathy as a hermeneutic practice [J]. Theoretical Medicine，1996（17）：243-254.

[40] DANIEL S L.The patient as text：A model of clinical hermeneutics [J]. Theoretical Medicine，1986（7）：195-210.

[41] MUNOZ-MUNOZ A，TOCADOS-FERNÁNDEZ C，MERCHÁN-REYES R

M，et al. The emotional universe of women affected by hepatitis C：A hermeneutic approach［J］. Enferm Clin，2019，29（4）：216-224.

[42] STENNER R，MITCHELL T，PALMER S. The role of philosophical hermeneutics in contributing to an understanding of physiotherapy practice：A reflexive illustration［J］. Physiotherapy，2017（103）：330-334.

[43] HEELAN P A. Quantum mechanics and objectivity：A study of thephysical philosophy of werner heisenberg［M］. Hague：Nijhoff，1965.

[44] HEELAN P A. Space-perception and the philosophy of science［M］. Berkeley：University of California Press，1983.

[45] GENDLIN E T. The responsive order：A new empiricism［J］. Man and Word，1997（30）：383-411.

[46] GOODMAN N. Ways of worldmaking［M］. Indianapolis：Hackett Publishing Company，1985.

[47] 伊德. 让事物"说话"——后现象学与技术哲学［M］. 韩连庆，译. 北京：北京大学出版社，2008.

[48] 吴国盛. 技术哲学经典读本［M］. 上海：上海交通大学出版社，2008.

[49] LATOUR B，VENN C. Morality and technology：The end of the means［J］. Theory，Culture & Society，2002，19（5-6）：247-260.

[50] 赵迎欢. 高技术伦理学［M］. 沈阳：东北大学出版社，2005.

[51] 张华夏. 现代科学与伦理世界［M］. 北京：中国人民大学出版社，2010.

[52] 樊浩. 高技术的伦理中道［J］. 道德与文明，2004（4）：39-46.

[53] 李文潮. 技术伦理面临的困境［J］. 自然辩证法研究，2005（11）：43-48.

[54] 王国豫，刘则渊. 高科技的哲学与伦理学问题［M］. 北京：科学出版社，2012.

[55] 陈爱华. 高技术的伦理风险及其应对［J］. 伦理学研究，2006（7）：95-99.

[56] 薛桂波. 基因技术的伦理风险及其社会控制［J］. 科技管理研究，2010

（11）：246-248；245.

[57] 樊浩. 基因技术的道德哲学革命［J］. 中国社会科学，2006（1）：61-76.

[58] 邱仁宗. 基因编辑技术的研究和应用：伦理学的视角［J］. 医学与哲学，2016（7A）：1-7.

[59] 甘邵平. 对人类增强的伦理反思［J］. 哲学研究，2018（1）：116-125.

[60] 路群峰. 人类基因编辑技术的伦理问题探析［J］. 自然辩证法研究，2020（1）：68-73.

[61] 陶应时，王国豫. 人类胚胎基因编辑技术的伦理考究——基于人的完整性视域［J］. 科学技术哲学研究，2019（1）：77-82.

[62] 肖显静. 转基因技术的伦理分析——基于生物完整性的视角［J］. 中国社会科学，2016（6）：66-86；205-206.

[63] 刘学礼. 基因治疗的发展及其伦理分析［J］. 科技进步与对策，2003（2）：39-41.

[64] 钟文燕，龙佳解. 基因治疗技术安全性的哲学与伦理审视［J］. 科技管理研究，2008（10）：275-277.

[65] 王洪奇，王德彦，林辉. 基因诊断与基因治疗的伦理问题、基本原则与发展趋势［J］. 自然辩证法通讯，2004（2）：104-109.

[66] 唐晓燕. 赛博空间的伦理困扰与商谈伦理的建构［J］. 学术交流，2005（6）：26-28.

[67] 尹川. 赛博空间对伦理道德的消解及应对［J］. 东南传播，2007（8）：48-49.

[68] 田鹏颖，戴亮. 大数据时代网络伦理规制研究［J］. 东北大学学报（社会科学版），2019（3）：221-227.

[69] 龚群. 网络信息伦理的哲学思考［J］. 哲学动态，2011（9）：63-66.

[70] 吕耀怀. 大数据时代信息安全的伦理考量［J］. 道德与文明，2019（40）：84-92.

[71] 安宝洋，翁建定. 大数据时代网络信息的伦理缺失及应对策略［J］. 自

然辩证法研究，2015（12）：42-46.

[72] 王国豫，李磊．纳米技术伦理研究的可行性与可接受性［J］．道德与文明，2012（4）：130-134.

[73] 李三虎．纳米伦理学的三个维度［J］．社会科学战线，2015（2）：24-31.

[74] 胡明艳．早期纳米伦理研究的困境及其化解思路［J］．自然辩证法通讯，2013（1）：62-68；127.

[75] 陈首珠，夏保华．纳米技术与伦理的协同建构［J］．华中科技大学学报，2014（2）：132-136.

[76] 张灿．国外纳米伦理学研究热点问题评析［J］．国外社会科学，2016（2）：144-150.

[77] 邱仁宗，黄雯，翟晓梅．大数据技术的伦理问题［J］．科学与社会，2014（1）：36-48.

[78] 李伦．"楚门效应"：数据巨机器的"意识形态"——数据主义与基于权利的数据伦理［J］．探索与争鸣，2018（5）：29-31.

[79] 吕耀怀，罗雅婷．大数据时代个人信息收集与处理的隐私问题及其伦理维度［J］．哲学动态，2017（2）：63-68.

[80] 薛孚，陈红兵．大数据隐私伦理问题探究［J］．自然辩证法研究，2015（2）：44-48.

[81] 刘伟．追问人工智能——从剑桥到北京［M］．北京：科学出版社，2019.

[82] 段伟文．人工智能时代的价值审视与伦理调适［J］．中国人民大学学报，2017（6）：98-108.

[83] 闫坤如．人工智能机器具有道德主体地位吗？［J］．自然辩证法研究，2019（5）：47-51.

[84] 王钰，程海东．人工智能技术伦理治理内在路径解析［J］．自然辩证法通讯，2019（8）：87-93.

[85] 傅永军．超克技术化时代个体行动的实践困境——对伽达默尔哲学诠释学伦理学的反思性讨论［J］．道德与文明，2019（6）：35-42.

[86] 杨庆峰. 从人工智能难题反思AI伦理原则 [J]. 哲学分析，2020（2）：137-150；199.

[87] 李三虎. 纳米现象学：微细空间建构的图像解释与意向伦理 [J]. 哲学研究，2009（7）：85-93.

[88] 崔克锐，杨光玮. 虚拟与现实的视域融合——基于哲学解释学的网络思想政治教育 [J]. 西安电子科技大学学报（社会科学版），2013：132-135.

[89] 朱勤. 实践有效性视角下的工程伦理学探析 [D]. 大连：大连理工大学，2011.

[90] 郑海昊. 视域融合与行为聚合：数字影像行为的范式解读 [J]. 现代传播，2019（3）：151-155.

[91] 严进. 时间距离提高伦理判断 [J]. 心理科学，2015（4）：905-910.

[92] 王飞. 萨克塞技术伦理思想及其启示 [J]. 科学技术与辩证法，2008（5）：75-79；112.

[93] 约纳斯. 技术、医学与伦理学——责任原理的实践 [M]. 张荣，译. 上海：上海译文出版社，2008.

[94] LENK H，MARING M. Advances and Problems in the Philosophy of Technology [J].Human Studies，2001，3（1）：311-330..

[95] 王飞. 伦克的技术伦理思想评介 [J]. 自然辩证法研究，2008（3）：57-63.

[96] MITCHEM C. Engineering ethics in his torical perspective and as an imperative in design [A] //MITCHAM C. Thinking Ethics in Technology：Hennebach Lectures and Papers（1995—1996）[M]. Golden：Colorado School of Mines Press，1997.

[97] 王国豫. 从技术启蒙到技术伦理学的构建 [J]. 世界哲学，2011（5）：114-124.

[98] 王国豫，胡比希，刘则渊. 社会—技术系统框架下的技术伦理学——论罗波尔的功利主义技术伦理观 [J]. 哲学研究，2007（6）：78-85；129.

［99］　胡比希. 作为权宜道德的技术伦理［J］. 王国豫，编译.世界哲学，2005（4）：70-77.

［100］　BUDINGER T F，BUDINGER M D.Ethics of emerging technologies：Science facts and moral challenges［M］. New York：John Wiley & Sons，2006.

［101］　VERBEEK P P.What things do［M］. Philadelphia：The Pennsylvania State University Press，2005.

［102］　FOGG B J. Persuasive computers：Perspectives and research directions［A］// KARAT C M，LUND A，COUTAZ J，et al.Proceedings of the SIGCHI Conference on Human Factors in Computing Systems – CHI 1998［C］. New York：ACM Press，1998：225-232.

［103］　Value Sensitive Design Lab（https：//vsdesign.org）.

［104］　OWEN R，BESSANT J，HEINTZ M.Responsible innovation：Managing the responsible emergence of science and innovation in society［M］. London：Wiley，2013.

［105］　柏拉图. 柏拉图全集［M］.王晓朝，译. 北京：人民出版社，2017.

［106］　伊德. 技术与生活世界［M］.韩连庆，译. 北京：北京大学出版社，2012.

［107］　绍伊博尔德. 海德格尔分析新时代的技术［M］.宋祖良，译. 北京：中国社会科学出版社，1998.

［108］　芬博格. 海德格尔与马尔库塞——历史的灾难与救赎［M］.文成伟，译. 上海：上海社会科学院出版社，2010.

［109］　海德格尔. 演讲与论文集［M］.孙周兴，译. 北京：生活·读书·新知三联书店，2011.

［110］　MUMFORD L. Technics and the nature of man［A］// MITCHAM C，MACKEY R. Philosophy and technology，Readings in the Philsophical Problems of Technology［C］. New York：The Free Press，1972.

［111］　王国银，衡孝庆. 技术风险及其责任担当：两则案例的启示［J］. 自然辩证法通讯，2010（1）：87-90；128.

[112] 樊浩. 中国伦理精神的历史建构 [M]. 南京：江苏人民出版社，1992.

[113] 薛贵波. 科学共同体的伦理精神 [M]. 北京：中国社会科学出版社，2014.

[114] 王前. 技术伦理通论 [M]. 北京：中国人民大学出版社，2011.

[115] 雅斯贝尔斯. 历史的起源与目标 [M]. 魏楚雄，俞新天，译. 北京：华夏出版社，1989.

[116] MITCHEM C. Co-responsibility for research integrity [J]. Science and Engineering Ethics，2003，9（2）：273-290.

[117] 福雷斯特，莫里森. 计算机伦理学——计算机学中的警示与伦理困境 [M]. 陆成，译. 北京：北京大学出版社，2006.

[118] 朱勤. 技术中介理论：一种现象学的技术伦理学思路 [J]. 科学技术哲学研究，2010（1）：101-106.

[119] 盖红波. 世界科学技术2004年重大突破 [J]. 瞭望新闻周刊，2005（15）：58-60.

[120] NEW LIFE.比尔·乔伊：为什么未来不需要我们 [EB/OL].（2007-01-21）.https：//www.douban.com/group/topic/1400499/？_i=0753529lDfutzG.

[121] 波赛尔. 技术哲学的前景 [A]. 李文潮，译//刘则渊，王旭琨. 工程 技 术 哲学年鉴（2002年卷）[C]. 大连：大连理工大学出版社，2002.

[122] COHEN J.Avian influenza.WHO group：H5N1 papers should be published in full [J].Science，2012，335（6071）：899-900.

[123] 阎宏秀. 技术过程的价值选择研究 [M]. 上海：上海世纪出版社，2015.

[124] 姚东旻，张磊，张鹏远. 一样的科学，不一样的政策——转基因产品标识政策差异的博弈分析 [J]. 财经研究，2020（4）：63-78.

[125] 王前. "视域"的认识论意义 [J]. 哲学研究，2011（11）：38-43.

[126] FRODEMAN R，BRIGGLE A，HOLBROOK J B.Philosophy in the age of neoliberalism [J]. Social Epistemology，2012，26（3）：311-330.

[127] 张卫. 哲学在行动——当代美国田野哲学的崛起 [J]. 自然辩证法研究，2016（6）：24-28.

[128] 王前，杨慧民，梁海，等. 科技伦理意识养成研究 [M]. 北京：人民出版社，2012.

[129] 霍文，维克特. 信息技术与道德哲学 [M]. 赵迎欢，宋吉鑫，张勤，译. 北京：科学出版社，2014.

[130] 李世新. 工程伦理意识淡漠的原因分析 [J]. 北京理工大学学报（社会科学版），2006（6）：93-97.

[131] 伽达默尔. 诠释学 I：真理与方法——哲学诠释学的基本特征 [M]. 洪汉鼎，译. 北京：商务印书馆，2016.

[132] KROES P，MEIJERS A.Introduction：A discipline in search of its identity，in the empirical turn in the philosophy of technology [M]. Amsterdam：JAI Press，Elsevier Science Ltd.，2000.

[133] PITT J C.On the philosophy of technology，past and future [J]. Society for Philosophy and Technology，1995（1）：1-2.

[134] BREY P.Philosophy of technology after the empirical turn [J]. Techné：Research in Philosophy and Technology，2010，14（1）：36-48.

[135] VERBEEK P P.Materializing morality：Design ethics and technological mediation [J]. Science，Technology & Human Values，2006（3）.

[136] BORGMANN A.Technology and the character of contemporary life：A philosophy inquiry [M]. Chicago：The University of Chicago Press，1984.

[137] BOUGMANN A.Crossing the postmodern divide [M]. Chicago：The University of Chicago Press，1992.

[138] 伽达默尔. 诠释学 II：真理与方法——补充和索引 [M]. 洪汉鼎，译. 北京：商务印书馆，2016.

[139] 伽达默尔，杜特. 解释学、美学、实践哲学：伽达默尔与杜特对谈录 [M]. 金惠敏，译. 北京：商务印书馆，2007.

[140] REST J A.Psychologist looks at the teaching of ethics [J]. The Hastings Center Report，1982，12（1）：29-36.

[141] 亚里士多德. 尼各马可伦理学 [M]. 廖申白，译注. 北京：商务印书

馆，2003.

[142] 胡明艳. 纳米技术发展的伦理参与研究 [M]. 北京：中国社会科学出版社，2015.

[143] 刘大椿. 自然辩证法概论 [M]. 2版. 北京：中国人民大学出版社，2018.

[144] BLACK J R. Robert moses：Long Island's first environmentalist [A] // KRIEG J P. Robert moses：Single minded genius [C]. New York：Heart of the Lakes Publishing，1989.

[145] JOERGES B.Do politics have artefacts? [J]. Social Studies of Science，1999（3）：426-428.

[146] WOOLGAR S，COOPER G.Do artefacts have ambivalence? Moses' bridges，Winner's bridges and other urban legends in S&TS [J]. Social Studies of Science，1999，29（3）：433-449.

[147] 哈里斯，普里查德，雷宾斯. 工程伦理：概念与案例 [M]. 丛杭青，等译. 北京：北京理工大学出版社，2006.

[148] 王前，杨慧民. 科技伦理案例解析 [M]. 北京：高等教育出版社，2009.

[149] 伽达默尔. 科学时代的理性 [M]. 薛华，高地，李河，等译. 北京：国际文化出版社，1988.

[150] 张能为. 伽达默尔的解释学与实践哲学 [J]. 安徽大学学报，2011（5）：21-28.

[151] 王前，布瑞. 负责任创新的理论与实践 [M]. 北京：科学出版社，2019.

[152] 霍温. 面向联合国可持续发展目标的负责任创新和全局性工程 [J]. 刘欣，译. 大连理工大学学报（社会科学版），2018（2）：1-5.

[153] 海德格尔. 存在与时间 [M]. 陈嘉映，王庆节，合译. 北京：生活·读书·新知三联书店，2012.

[154] 新华社. 全球试管婴儿已超800万 [EB/OL]. [2018-07-16]. https：// health.huanqiu.com/article/9CaKrnKarJr.

[155] Maugh Ⅱ T H.In vitro fertilization innovator Robert G. Edwards wins Nobel

Prize［EB/OL］.［2010-10-05］. http：//articles. latimes. com/2010/oct/05/
science/la-sci-nobel-medicine-20101005.

［156］高崇明，张爱琴. 生物伦理学十五讲［M］. 北京：北京大学出版社，
2005.

［157］伽达默尔. 时间距离的诠释学意蕴［A］//伽达默尔. 诠释学：真理与方
法［C］. 洪汉鼎，译. 北京：商务印书馆，2011.

［158］张峰. 大数据时代隐私保护的伦理困境及对策［J］. 学术前沿，2019
（8）：76-87.

［159］TIROSH A，CALAY E S，TUNCMAN G，et al.The short-chain fatty acid
propionate increases glucagon and FABP4 production， impairing insulin
action in mice and humans［J］. Science translational medicine，2019，11
（489）：1-13.

［160］杨春时. 空间解释学论纲［J］. 学术研究，2019（1）：6-15.

［161］伽达默尔. 哲学解释学［M］. 夏镇平，宋建平，译. 上海：上海译文出
版社，1994.

［162］维西林，冈恩. 工程、伦理与环境［M］. 吴晓东，翁端，译. 北京：清
华大学出版社，2003.

［163］郑泉，张增一. 转基因议题中科学话语的建构策略分析——以美国"智
能平方"举办的一场转基因辩论为例［J］. 自然辩证法通讯，2018（4）：
104-111.

［164］哈贝马斯. 诠释学的普遍性要求［A］//洪汉鼎.理解与解释——诠释学
经典文选［C］. 北京：东方出版社，2001.

［165］VERBEEK P P.Accompanying technology：Philosophy of technology after the
ethical turn ［J］. Techné：Research in Philosophy and Technology，2010，
14（1）：49-54.

［166］利科. 诠释学的任务［A］//洪汉鼎. 理解与解释——诠释学经典文选
［C］. 北京：东方出版社，2001.

［167］VAN DE POEL I， VERBEEK P P.Ethics and engineering design ［J］.

Science，Technology，& Human Values，2006，31（3）：223-236.

[168] 郭芝叶. 现代技术的伦理意向性研究［D］. 大连：大连理工大学，2014.

[169] VERBEEK P P. Moralizing technology：Understanding and designing the morality of things ［M］. Chicago and London：The University of Chicago Press，2011.

[170] 贝克. 风险社会［M］. 何博闻，译. 南京：译林出版社，2004.

[171] SONG Y，LI X，DU X. Exposure to nanoparticles is related to pleural effusion，pulmonary fibrosis and granuloma ［J］. Eur Respir J，2009，34 （3）：559 -567.

[172] 张祥龙. 现象学导论七讲——从原著阐发原意［M］. 北京：中国人民大学出版社，2011.

[173] ALBRECHTSLUND A. Ethics and technology design ［J］. Ethics and Information Technology，2007，9（2）：63-72.

[174] 拉福莱特. 伦理学理论［M］. 龚群，主译. 北京：中国人民大学出版社，2008.

[175] FRIEDMAN B，KAHN P H. Value sensitive design：Theory and methods ［R］. Washington：University of Washington，2002.

[176] 张卫，王前. 道德可以被物化吗？——维贝克"道德物化"思想评介 ［J］. 哲学动态，2013（3）：70-75.

[177] 舒红跃. 技术与生活世界［M］. 北京：中国社会科学出版社，2008.

[178] 高兆明. 生活世界视域中的现代技术——一个本体论的理解［J］. 哲学研究，2007（11）：102-108.

[179] 狄尔泰. 对他人及其精神表现的理解［A］//洪汉鼎. 理解与解释——诠释学经典文选［C］. 北京：东方出版社，2001.

[180] 宾默尔. 博弈论与社会契约论（第2卷上）［M］. 潘春阳，陈雅静，陈琳，译. 上海：上海财经大学出版社，2016.

[181] 斯密. 道德情操论［M］. 蒋自强，钦北愚，朱钟棣，等译. 北京：商务印书馆，2012.

[182] 霍夫曼. 移情与道德发展——关爱和公正的内涵 [M]. 杨韶刚，万明，译. 哈尔滨：黑龙江人民出版社，2003.

[183] THALER R H，SUNSTEIN C R.Nudge：Improving decisions about health，wealth，and happiness [M]. New Haven：Yale University Press，2008.

[184] SOLOMON R C.The cross-cultural comparison of emotion [A] //JOEL M，AMES R T. Emotions in Asian thought [C]. Albany：State University of New York Press，1995.

[185] 费什米尔. 杜威与道德想象力——伦理学中的实用主义 [M]. 徐鹏，马如俊，译. 北京：北京大学出版社，2010.

[186] 郑富兴. 责任与对话——学校道德教育的现代性思考 [M]. 北京：中国社会科学出版社，2011.

[187] 康德. 判断力批判 [M]. 宗白华，译. 北京：商务印书馆，2000.

[188] 曲蓉. 道德想象力的悖论、矛盾与概念张力探析 [J]. 伦理学研究，2015（5）：45-49.

[189] 杨慧民，王前. 道德想象力：一个新的理论成长点 [J]. 江海学刊，2013（5）：60-65.

[190] 晏萍，张卫，王前. "负责任创新"的理论与实践述评 [J]. 科学技术哲学研究（4）：84-90.

[191] 乔治. 企业伦理学 [M]. 王漫天，唐爱军，译. 北京：机械工业出版社，2012.

[192] JOHNSON M.Moral imagination：Implications of cognitive science for ethics [M]. Chicago：University of Chicago Press，1993.

[193] 美国国家科学院，美国国家医学院，人类基因编辑科学、医学、伦理指南委员会. 人类基因组编辑：科学、伦理与管理 [M]. 曾凡一，史占祥，等译. 上海：上海科学技术出版社，2018.

[194] 哈姆林克. 赛博空间伦理学 [M]. 李世新，译. 北京：首都师范大学出版社，2010.

[195] SHAW G B.The doctor's dilemma [M]. London：Penguin Books，1906.

[196] DELGADO A，KJOLBERG K L，WICKSONS F.Public engagement coming of age：From theory to practice in stsencounters with nanotechnology ［J］. Public Understanding of Science，2011，20（6）：826-845.

[197] 巴雷特. 非理性的人 ［M］. 段德智，译. 上海：上海译文出版社，2012.

[198] MITCHAM C.The importance of philosophy to engineering ［J］. Tecnos，1998，17（3）：27-47.

[199] 李伯聪. 工程与伦理的互渗与对话——再谈关于工程伦理学的若干问题 ［J］. 华中科技大学学报（社会科学版），2006，20（4）：71-72.

[200] SON W.Philosophy of technology and macro-ethics in engineering ［J］. Science，Technology，& Human Values，2006，31（3）：223-226.

[201] LATOUR B.Where are the missing masses？The sociology of a few mundane artifacts ［A］// BIJIKER W E，LAW J.Shaping technology/building society：Studies in Sociotechnical Change ［C］. Cambridge：MIT Press，1992.

[202] FOGG B.Persuasive technology：Using computers to change what we think and do ［M］. New York：Morgan Kaufmann，2002.

[203] 晏萍，刘伟，张卫. 大连港负责任创新模式研究 ［J］. 自然辩证法研究，2015（3）：122-126.

[204] 马扎诺. 飞利浦设计思想：设计创造价值 ［M］. 蔡军，宋煜，徐海生，译. 北京：北京理工大学出版社，2002.

[205] 维贝克. 将技术道德化：理解与设计物的道德 ［M］. 闫宏秀，杨庆峰，译. 上海：上海交通大学出版社，2016.

[206] FLORIDI L，SANDERS J W.On the morality of artificial agents ［J］. Minds and Machines，2004，14（3）：345-379.

[207] 施皮格伯格. 现象学运动 ［M］. 王炳文，张金言，译. 北京：商务印书馆，2011.

[208] 胡塞尔. 欧洲科学的危机与超越论的现象学 ［M］. 王炳文，译. 北京：商务印书馆，2008.

[209] 黑尔德. 对伦理的现象学复原 ［J］. 哲学研究，2005（1）：50-56.

[210] 罗斯. 亚里士多德 [M]. 王路，译. 北京：商务印书馆，1997.

[211] 哈里曼. 实践智慧在二十一世纪 [J]. 刘宇，译. 现代哲学，2007（1）：110–117.

[212] 余纪元. 亚里士多德伦理学 [M]. 北京：中国人民大学出版社，2011.

[213] 伽达默尔. 赞美理论——伽达默尔选集 [M]. 夏镇平，译. 上海：上海三联书店，1988.

[214] 格伦瓦尔德. 技术伦理学手册 [M]. 吴宁，译. 北京：社会科学文献出版社，2017.

[215] 格鲁恩瓦尔德. 现代技术伦理学的理论可能与实践意义 [J]. 国外社会科学，1997（6）：10–14.

[216] 阿伦特. 人的境况 [M]. 王寅丽，译. 上海：上海世纪出版集团，2009.

[217] 汪民安. 感官技术 [M]. 北京：北京大学出版社，2011.

[218] JOLIE A.My medical choices [N]. New York Times，2013-05-14.

[219] 舍恩伯格，库克耶. 大数据时代 [M]. 盛杨燕，周涛，译. 浙江：浙江人民出版社，2013.

[220] 斯蒂格勒. 技术与时间：爱比修斯的过失 [M]. 裴程，译. 南京：译林出版社，2000.

[221] 缪成长. 技术使用不确定性的四维审视 [J]. 东北大学学报（社会科学版），2015（3）：226–231.

[222] HOUKES W，MEIJERS A.The ontology of artefacts：The hard problem [J]. Studies in History and Philosophy of Science，2006，37（1）：118 –131.

[223] 张华夏，张志林. 技术解释研究 [M]. 北京：科学出版社，2005.

[224] 李虎军. 基因污染威胁中国生物安全 [N]. 南方周末，2002-06-27.

[225] 尤纳斯. 责任原理：现代技术文明伦理学的尝试 [M]. 方秋明，译. 香港：世纪出版有限公司，2013.

[226] 甘绍平. 一种超越责任原则的风险伦理 [J]. 哲学研究，2014（9）：87–94.

[227] VAUGHAN D.Organizations，competition and ethics [J]. Zeitschrift fur

Wirtschafts-und Unternehmensthik，2007，8（1）：24-28.

［228］ 培根. 新工具 ［M］. 许宝骙，译. 北京：商务印书馆，1986.

［229］ 陈莹. 古希腊实践智慧的消解与近现代技术的异化 ［J］. 学术交流，
2014（14）：32-37.

［230］ 丁立群. 技术实践论：另一种实践哲学传统——弗兰西斯·培根的实践
哲学 ［J］. 江海学刊，2006（4）：26-30.

［231］ 唐热风. 亚里士多德伦理学中的德性与实践智慧 ［J］. 哲学研究，2005
（5）：70-79.

［232］ 黑格尔. 小逻辑 ［M］. 贺麟，译. 上海：上海人民出版社，2008.

［233］ 杨国荣. 论实践智慧 ［J］. 中国社会科学，2012（4）：4-22.

［234］ MITCHAM C.Thinking ethics in technology：Hennebach lectures and papers
（1995—1996）［M］. Golden：Colorado School of Mines Press，1997.

［235］ BEDER S. The new engineer ［M］. South Yarra：Macmillan Education
Australia PTY Ltd，1998.

［236］ 李伯聪. 工程哲学引论——我造物故我在 ［M］. 郑州：大象出版社，
2002.

［237］ QIU J.China sacks officials over golden rice controversy Chinese families did
not give consent for children to consume genetically modified rice in the part
US-funded study ［EB/OL］. ［2013-01-12］.http：//www.Nature.Com/news/
china-sacks-officials-over-golden-rice- contr- oversy-1.11998.

［238］ 杨帆，张亦筑. "科学家不能隐瞒和欺骗，美国科学家在'黄金大米'事
件中犯有错误!"——对话《科学》杂志主编布鲁斯·艾伯茨 ［N］. 重
庆日报，2012-09-16.

索 引